高职高专“十三五”规划教材

模具结构认知虚拟拆装实训教程

主　编　朱红萍
副主编　金　捷　冯福财　章　勇
参　编　谢力志　曹云松
主　审　伍建国

机 械 工 业 出 版 社

本书是为配合高等职业院校创新创业教育教学改革，以模具设计与制造专业的培养目标为依据编写的，作为教改项目“模具结构认知虚拟拆装实训”的配套教材。模具拆装与测绘是模具设计与制造岗位必须掌握的工作技能，同时，模具拆装与测绘实训也是模具专业学习过程中重要的教学环节。本书通过全新的模具拆装与认知模式，一改传统模具拆装实训教学过程中难度大、强度高、成本高的问题，借助于模具虚拟拆装软件，弥补了模具实物拆装中的弊端，增加了知识学习、运动仿真、自动考核等功能，形成了“虚”“实”结合的模具拆装新模式。

本书通过详细讲授润品模具教具与虚拟拆装软件相结合，认知模具结构的全过程，借助丰富的拆装实训案例，完成模具拆装教学的需求。本书共分为五个项目，主要内容包括模具拆装实训必备知识、润品科技模具虚拟实验室简介、典型五金模具虚拟拆装实例、典型注塑模具虚拟拆装实例、模具实物拆装实训。

本书适用于高职院校模具设计与制造专业拆装实训教学，也可作为模具钳工、模具设计等课程的辅助教材，还可作为模具领域工程技术人员的参考书。

图书在版编目（CIP）数据

模具结构认知虚拟拆装实训教程/朱红萍主编. —北京：机械工业出版社，2018.6（2025.1重印）

高职高专“十三五”规划教材

ISBN 978-7-111-60326-9

Ⅰ.①模… Ⅱ.①朱… Ⅲ.①模具－装配（机械）－计算机模拟－高等职业教育－教材 Ⅳ.①TG76－39

中国版本图书馆CIP数据核字（2018）第141729号

机械工业出版社（北京市百万庄大街22号 邮政编码100037）

策划编辑：赵志鹏 责任编辑：赵志鹏 张丹丹

责任校对：潘 蕊 封面设计：鞠 杨

责任印制：单爱军

北京虎彩文化传播有限公司印刷

2025年1月第1版第4次印刷

184mm×260mm·8.5印张·206千字

标准书号：ISBN 978-7-111-60326-9

定价：24.00元

前言

本书是为配合高职院校创新企业教育教学改革，以模具设计与制造专业的培养目标为依据编写的。模具结构认知是模具专业课程教学的基础，而模具拆装实训课程是模具结构认知中最有效的教学手段。由于传统模具结构认知、拆装实训课时短、成本高、难度大，因此达不到应有的教学效果。本书通过引入模具虚拟拆装实验室，形成“虚”“实”结合的模具拆装新模式，既继承了实物拆装的互动、真实性，又克服了原本实物拆装的弊端，同时增加了知识学习、运动仿真和自动考核等功能，大大降低了模具结构认知及拆装实训的教学难度，有效地改善了课程的教学效果。

本书共分为五大教学项目，根据能力为本位的思想，按照认知规律并注重实际应用知识，增设部分相关拓展知识。本书计划学时数为 20 学时（一周左右），学时分配建议见下表。

序号	项目名称	学时数
1	项目 1　模具拆装实训必备知识	1
2	项目 2　润品科技模具虚拟实验室简介	1
3	项目 3　典型五金模具虚拟拆装实例	4
4	项目 4　典型注塑模具虚拟拆装实例	4
5	项目 5　模具实物拆装实训	10
总学时数		20（一周）

本书由沙洲职业工学院朱红萍担任主编，由沙洲职业工学院金捷、章勇，天津轻工职业技术学院冯福财担任副主编，上海润品工贸有限公司（教学教仪研发中心）谢力志、曹云松参加编写，由沙洲职业工学院伍建国担任主审。

本书编写分工情况如下：项目 1 由金捷编写；项目 2、3、4 由朱红萍、谢力志、曹云松编写；项目 5 由冯福财、章勇编写，全书由朱红萍统稿。

本书所有参考文献均在书后列出，在此对相关作者表示感谢！

由于编者水平有限，书中定有不少不足之处，恳请广大读者批评指正。

编　者

目录

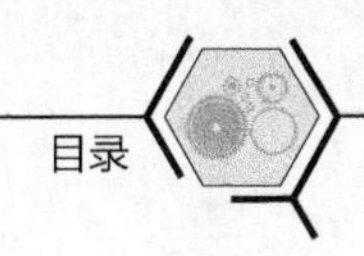

项目1

模具拆装实训必备知识

项目目标

本项目主要介绍模具拆装实训过程中所需掌握的相关理论知识，主要内容包括：常用模具拆装工具与操作方法；模具拆装步骤、拆装要点；模具钳工工具及其使用技巧等内容。

【能力目标】

能正确合理地选择、使用模具拆装工具；掌握常用模具拆装工具的使用要点及模具拆装流程。

【知识目标】

- 掌握模具钳工相关技术。
- 掌握模具拆装常用工具及使用要点。
- 掌握模具拆装要点。
- 掌握模具钳工工具的使用、维护及保管。

项目引入

模具结构的认知是进行模具设计必须首先解决的关键问题，而模具拆装也是模具制造及维护过程的重要环节。

模具结构认知主要包含模具内部结构认知、模具机构的运动原理认知、成形工艺认知、模具与周边附属设备之间的协调与配合关系的认知。其中，模具拆装实训环节是模具设计课程中十分重要的环节，对于快速认知模具结构有很大帮助。在进行模具拆装实训之前，操作人员需具备相应的专业理论知识。

项目分析与分解

本项目主要从以下几方面分析介绍：

1.1　常用模具拆装工具与操作方法

1.2　模具拆装步骤、拆装要点

1.3　模具钳工工具及其使用技巧

相关知识

1.1 常用模具拆装工具与操作方法

在模具拆装过程中，需要用到拆装工具。模具拆装工具的种类、规格很多，其中主要有扳手、螺钉旋具、手钳、锤子、铜棒、撬杠、卸销工具和吊装工具等。

1. 扳手

模具拆装常用的扳手有内六角扳手、套筒扳手和活扳手等。

（1）内六角扳手

【用途】专用于拆装标准内六角圆柱头螺钉。

【规格】GB/T 5356—2008

【操作要点】需牢记常用的几种内六角扳手与内六角圆柱头螺钉的配合关系，尽量目测即知。如：2.5 配 M3、3 配 M4、4 配 M5、6 配 M8、8 配 M10、10 配 M12、12 配 M14、14 配 M16、17 配 M20、19 配 M24、22 配 M30 等。内六角扳手常用的相关参数见表 1-1。

表 1-1 内六角扳手常用的相关参数

对边尺寸 s/mm	长脚长度 l_1/mm	短边长度 l_2/mm	最小试验扭矩/N · m	对边尺寸 s/mm	长脚长度 l_1/mm	短边长度 l_2/mm	最小试验扭矩/N · m
2	52	18	1.9	12	137	57	370
2.5	58.5	20.5	3.8	14	154	70	590
3	66	23	6.6	17	177	80	980
4	74	29	16	19	199	89	1360
5	85	33	30	22	222	102	2110
6	96	38	52	24	248	114	2750
7	102	41	80	27	277	127	3910
8	108	44	95.0	32	347	157	4000
10	122	50	120	36	391	176	4000

除此之外，还有内六角花形扳手（图 1-1），其柄部与内六角扳手相似，专用于拆卸内六角花形螺栓。

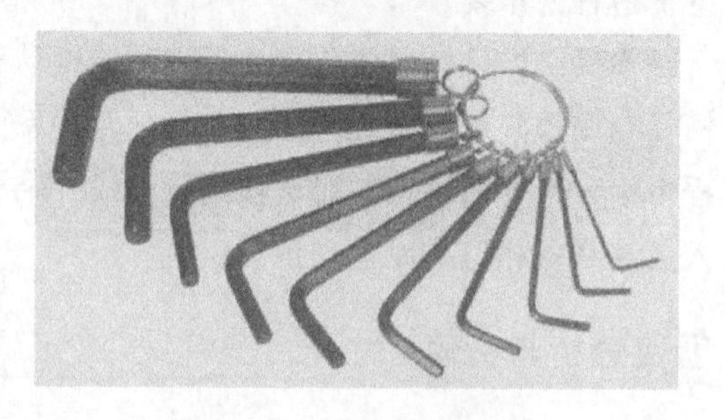

图 1-1 内六角花形扳手

（2）套筒扳手 套筒扳手的套筒头规格以螺母或螺栓的六角头对边距离来表示。套筒扳手可分为手动和机动（气动、电动）两种类型，其中，手动套筒工具应用较为广泛。通常，手动套筒工具以成套（盒）形式供应，也以单件形式供应。套筒扳手由各种套筒（头）、传动附件和连接件组成（图 1-2），具有一般扳手拆装六角头螺母、螺栓的功能，也适用于空间狭小、位置深凹的工作场合。

（3）活扳手（旧称活络扳手，图 1-3）

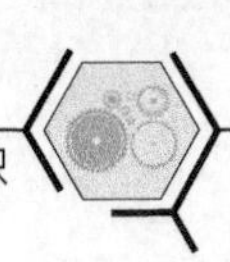

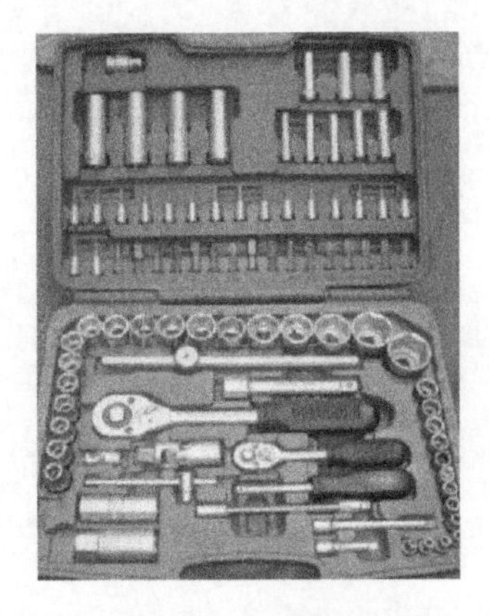

图 1-2　套筒扳手

图 1-3　活扳手

【用途】其开口宽度可以调节，用来拆装一定尺寸范围内的六角头或方头螺栓、螺母。该扳手具有通用性强、使用广泛等优点。但使用不方便，拆装效率不高。

【规格】参见 GB/T 4440—2008，表 1-2 列出了部分活扳手的规格参数。

表 1-2　活扳手的规格参数

长度 l/mm	100	150	200	250	300	375	450	600
开口尺寸 a/mm（≥）	13	19	24	28	34	43	52	62
开口深度 b/mm（≥）	12	17．5	22	26	31	40	48	57
扳口前端厚度 d/mm（≤）	6	7	8．5	11	13．5	16	19	28

（4）扳手操作要点　通常，在使用扳手时，应优先选用标准扳手。标准扳手的长度是根据其对应的螺栓所需的拧紧扭矩而设计的，其扭矩比较适合，不会损坏螺纹。如拧小螺栓（螺母）使用大扳手、不允许使用管子加长扳手来拧紧的螺栓而使用管子加长扳手来拧紧，都将损坏螺纹。

通常 5 号以上的内六角扳手允许使用长度合理的管子来加长扳手（管子一般企业自制）。拧紧时应防止扳手脱手，防止手或头等身体部位碰到设备或模具而造成人身伤害。

2. 螺钉旋具（旧称螺丝刀）

模具拆装中常用的螺钉旋具有一字槽螺钉旋具、十字槽螺钉旋具、多用螺钉旋具和内六角螺钉旋具等。

（1）一字槽螺钉旋具

【用途】一字槽螺钉旋具主要用于紧固或拆卸各种标准的一字槽螺钉。一字槽螺钉旋具有木柄和塑料柄两种（图 1-4），其分为普通和穿心式两种。穿心式能承受较大的扭矩，并可在尾部用锤子敲击。旋杆部位设有六角形断面加力部分的螺钉旋具，能用相应的扳手夹住旋杆扳动，以增大扭矩。

【规格】一字槽螺钉旋具旋杆长度部分规格参数见表 1-3（QB/T 2564. 4—2012）。

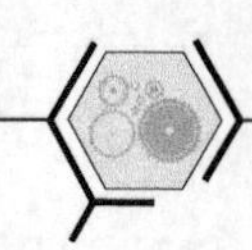

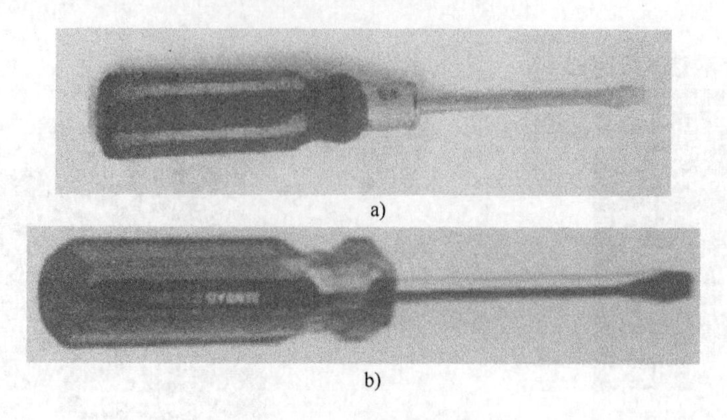

a)

b)

图 1-4　一字槽螺钉旋具

a）木柄　b）塑料柄

表 1-3　一字槽螺钉旋具旋杆长度部分规格参数

规格（a/mm）×（b/mm）	旋杆长度 l_{10}^{+5}/mm			
	A 系列	B 系列	C 系列	D 系列
0.4×2	25（35）	40		
0.4×2.5		50	75	100
0.5×3		50	75	100
1.2×6.5		100	125	150
1.6×8		125	150	175
2×12		150	200	250
2.5×14		200	250	300

注：括号内的尺寸为非推荐尺寸。

（2）十字槽螺钉旋具

【用途】十字槽螺钉旋具主要用于紧固或拆卸各种标准的十字槽螺钉。其形式、使用方法与一字槽螺钉旋具相似。

【规格】十字槽螺钉旋具如图 1-5 所示，规格参数见表 1-4（QB/T 2564.5—2012）。

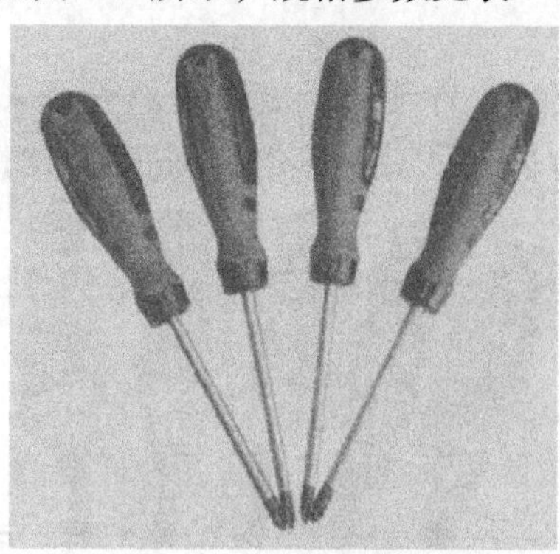

图 1-5　十字槽螺钉旋具

（3）多用螺钉旋具

【用途】多用螺钉旋具用于旋拧一字槽、十字槽螺钉及木螺钉，可在软质木料上钻孔，并兼做测电笔用，如图 1-6 所示。

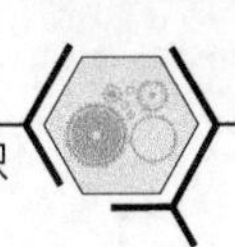

表1-4　十字槽螺钉旋具规格参数

旋杆槽号	旋杆长度/mm	
	A系列	B系列
0		60
1	25（35）	75（80）
2	25（35）	100
3		150
4		200

注：括号内的尺寸为非推荐尺寸。

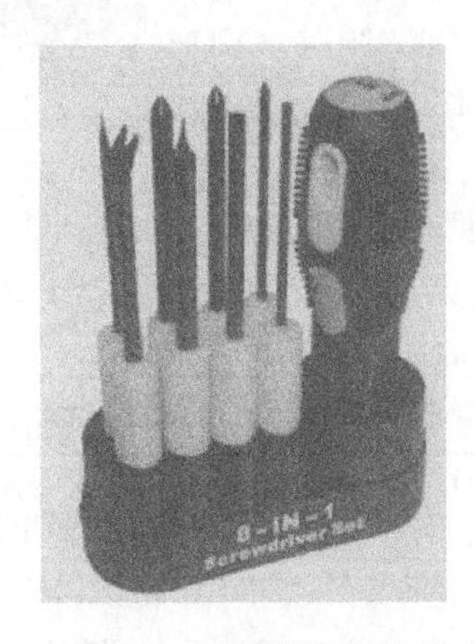

图1-6　多用螺钉旋具

【规格】具体规格参数见表1-5。

表1-5　多用螺钉旋具规格

十字槽号	件数	带柄总长/mm	一字槽旋杆头宽/mm	钢锤（把）	刀片（片）	小锤（只）	木工钻直径/mm	套筒/mm
1.2	6	230	3，4，6	1	—	—	—	—
1.2	8		3，4，5，6	1	1	—	—	—
1.2	10		3，4，5，6	1	1	1	6	6.8

（4）内六角圆柱头螺钉旋具

【用途】内六角圆柱头螺钉旋具专用于旋拧内六角圆柱头螺钉，如图1-7所示。

【规格】内六角圆柱头螺钉旋具的具体型号见表1-6（GB/T 5358—1998）。

（5）螺钉旋具的操作要点　使用旋具应适当，对十字槽螺钉尽量不用一字槽螺钉旋具，否则会拧不紧，甚至会损坏螺钉槽。一字槽螺钉要用刀口宽度略小于槽长的一字槽螺钉旋具。若刀口宽度太小，不仅拧不紧螺钉，而且易损坏螺钉槽。对于受力较大或螺钉生锈难以拆卸时，可选用方形旋杆螺钉旋

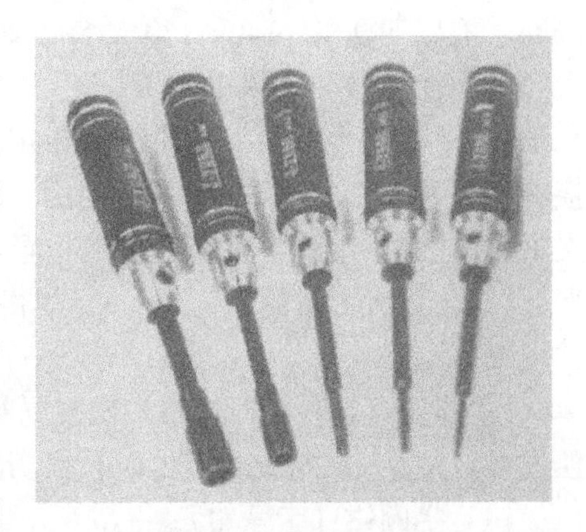

图1-7　内六角圆柱头螺钉

具，以便能用扳手夹住旋杆扳动，增大力矩。

表 1-6　内六角圆柱头螺钉旋具型号

型号	T40，T30
旋杆长度/mm	100，150，200，250，125，150，200

3. 手钳

模具拆装常用的手钳有管子钳、尖嘴钳、大力钳、挡圈钳和钢丝钳等。

（1）管子钳（管子扳手）

【用途】管子钳是管路安装和修理常用工具，主要用于紧固或拆卸各种管子、管路附件或圆形零件，如图 1-8 所示。管子钳钳体可采用可锻铸铁（或碳钢）、铝合金制造。其特点为重量轻，使用轻便，不易生锈。在拆装大型模具时也经常使用。

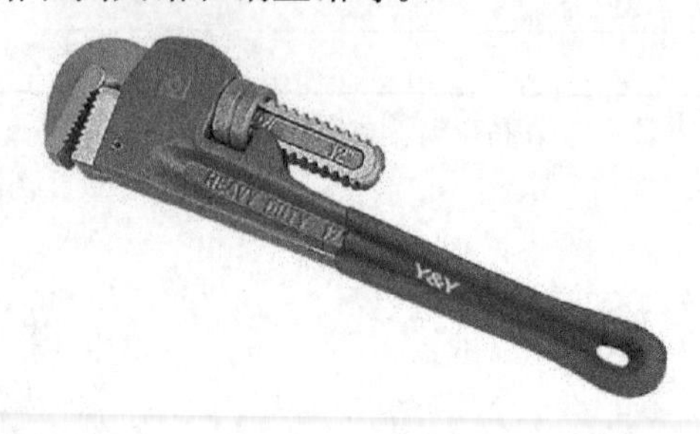

图 1-8　管子钳

【规格】管子钳的规格参数见表 1-7（QB/T 2508—2016）。

表 1-7　管子钳的规格参数

全长 L/mm	150	200	250	300	350	450	600	900	1200
夹持管子外径 D/mm（≤）	20	25	30	40	50	60	75	85	110

【操作要点】要选择合适的规格，检查管钳牙及调节环的磨损情况。尽管管子钳的夹持力很大，但其容易打滑及损伤工件表面。当对工件表面有要求的，需采取一定的保护措施。使用时首先把钳口调整到合适位置，钳头开口要稍大于工件的直径，然后右手握柄，左手放在活动钳口外侧并稍加使力，安装时顺时针旋转，拆卸时逆时针旋转，而钳口方向与安装时相反。

（2）尖嘴钳

【用途】尖嘴钳是仪表、电信器材、家用电器等的装配、维修工作中常用的工具，主要用于在狭小工作空间夹持小零件和切断或扭曲细金属丝，如图 1-9 所示。

【规格】按照 QB/T 2440.1—2007 可按柄部分为带塑料套与不带塑料套两种。其全长（mm）有以下规格：140，160，180，200，280。

（3）大力钳（多用钳）

【用途】大力钳是模具或维修钳工经常使用的工具，主要用于夹紧零件进行铆接、焊接、磨削等加工，也可作为扳手使用。其结构特点是钳口可以锁紧，夹紧力很大，不易使被夹紧零件松脱。同时，钳口有多档位置可供不同厚度的零件夹紧使用，如图 1-10 所示。

【规格】大力钳的长度（mm）规格为：100，125，150，175*，250*，350（*表示最常用规格）。

【操作要点】使用时应首先调整尾部螺栓至合适位置，通常要经过多次调整才能达到最佳位置。大力钳夹持此类工件时易损伤圆形工件表面。

（4）挡圈钳（卡簧钳）

【用途】挡圈钳专供拆装弹性挡圈用。由于挡圈有孔用、轴用之分以及安装部位的不同，可根据需要选用直嘴式或弯嘴式、孔用或轴用挡圈钳（图1-11）。

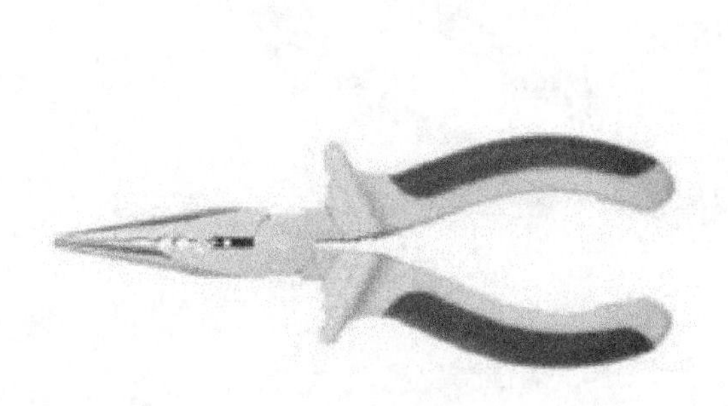

图1-9　尖嘴钳

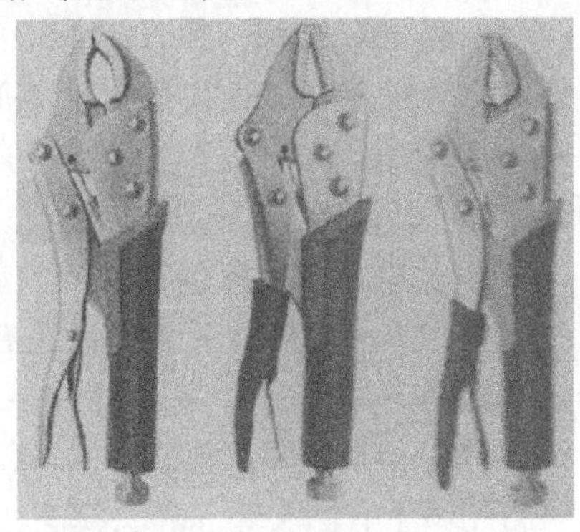

图1-10　大力钳

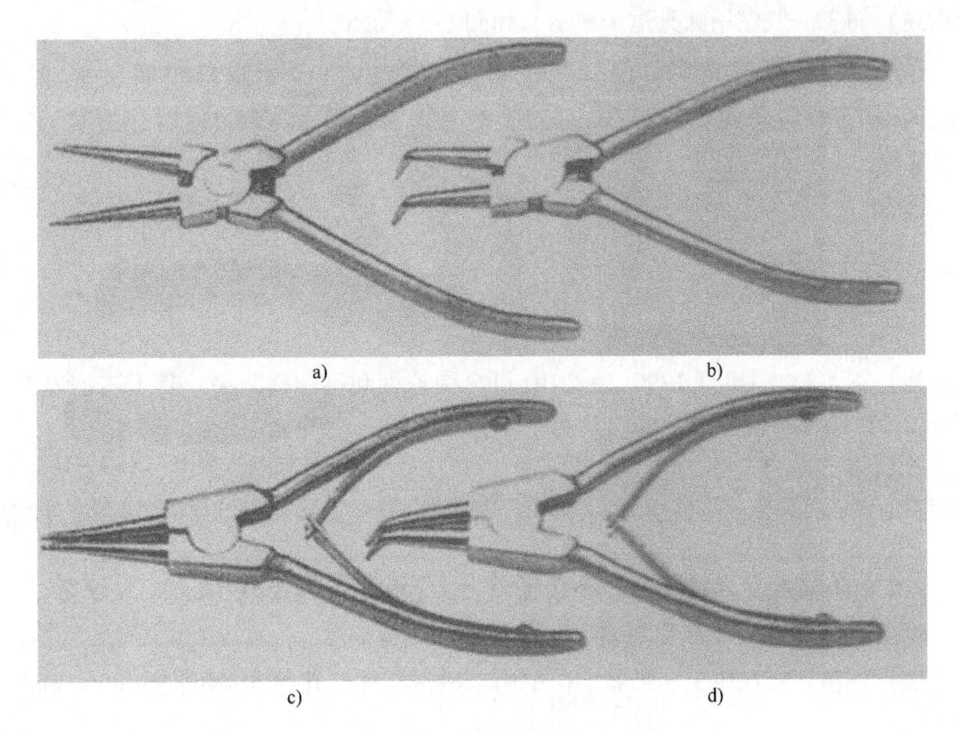

a)　b)

c)　d)

图1-11　挡圈钳

a）直嘴式轴用挡圈钳　b）弯嘴式轴用挡圈钳

c）直嘴式孔用挡圈钳　d）弯嘴式孔用挡圈钳

【规格】挡圈钳（JB/T 3411.47—1999）全长（mm）规格为：125，175，250。

【操作要点】安装挡圈时把尖嘴插入挡圈孔内，用手用力握紧钳柄，轴用挡圈即可张开，内孔变大，此时可套入轴上挡圈槽内，然后松开；而孔用挡圈内孔变小，此时可放入孔内挡圈槽内，然后松开。挡圈弹性回复，即可稳稳地卡在挡圈槽内。拆卸挡圈过程为安装时的逆顺序。

（5）钢丝钳

【用途】钢丝钳用于夹持或弯折薄片形、圆柱形金属零件及切断金属丝，其旁刃口也可用于切断金属丝，如图 1-12 所示。

【规格】钢丝钳按 QB/T 2442.1—2007 可分为柄部不带塑料套（表面发黑或镀铬）和带塑料套两种。其全长（mm）规格为：140，160，180，200，220，250。

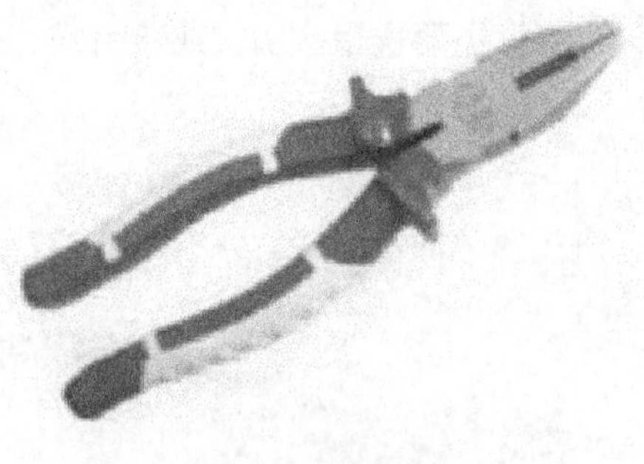

图 1-12 钢丝钳

4. 其他常用模具拆装工具

另外，常用的模具拆装工具还有锤子、铜棒、撬杠和卸销工具等。

（1）锤子

常用锤子有圆头锤（圆头榔头、钳工锤）、塑顶锤和铜锤等。

1）圆头锤。

【用途】钳工一般使用圆头锤来锤击，如图 1-13 所示。

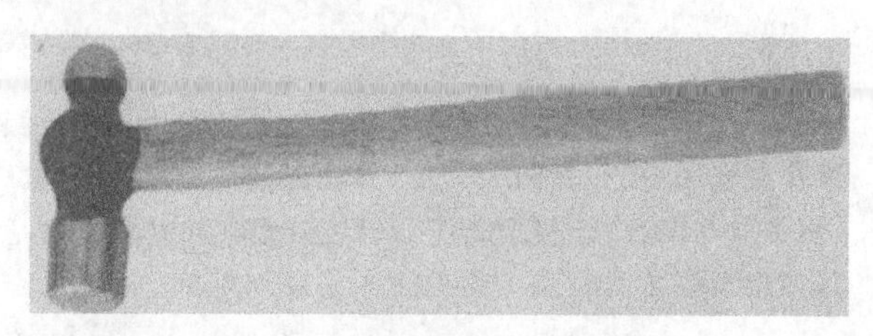

图 1-13 圆头锤

【规格】圆头锤按 QB/T 1290.2—2010 可分为连柄和不连柄两种。其不连柄质量（kg）规格为：0.11，0.22，0.34，0.45，0.68，0.91，1.13，1.36。

2）塑顶锤。

【用途】塑顶锤用于各种金属件和非金属件的敲击、装卸及无损伤成形，如图 1-14 所示。

【规格】塑顶锤锤头质量（kg）规格为：0.1，0.3，0.5，0.75。

3）铜锤。

【用途】铜锤主要在钳工、维修工作中用以敲击零件，其优点是不损伤零件表面，如图 1-15 所示。

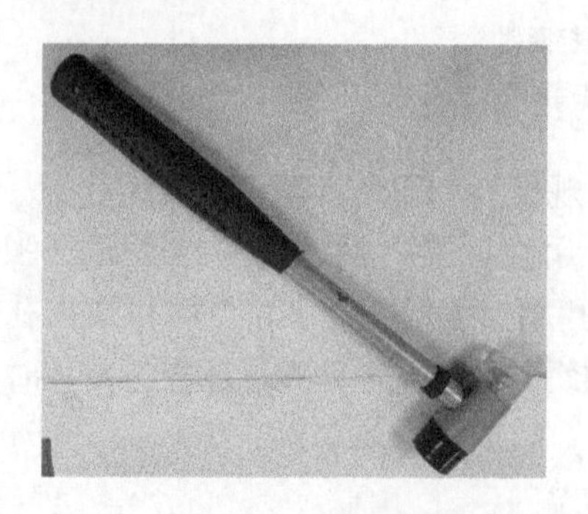

图 1-14 塑顶锤

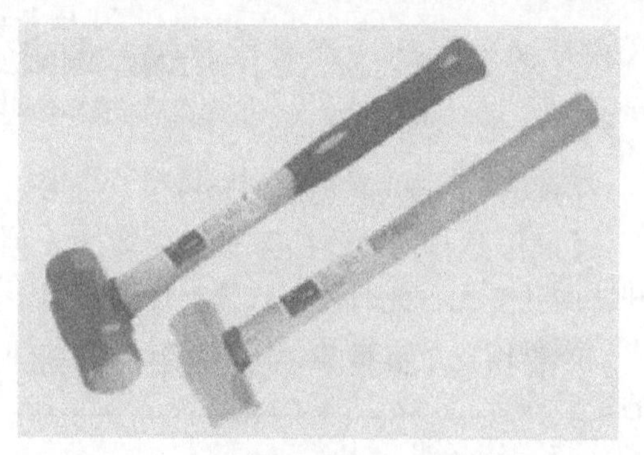

图 1-15 铜锤

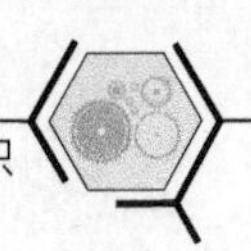

【规格】按 JB/T 3411.53—1999，铜锤头质量（kg）规格为：0.5，1.0，1.5，2.5，4.0。

4）锤子的操作要点。锤子在模具拆装操作中的要领为：握锤子主要靠拇指和食指，其余各指仅在锤击时才握紧，柄尾只能伸出 15～30mm，如图 1-16 所示。

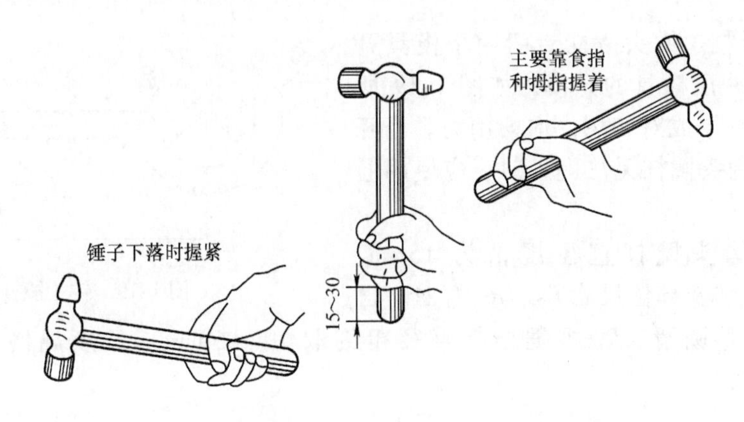

图 1-16　锤子的操作要点

（2）铜棒　铜棒是模具钳工拆装模具过程中必不可少的工具，如图 1-17 所示。在装配修磨过程中，禁止使用铁锤敲打模具零件，而应使用铜棒打击。这主要是为了防止模具零件被打导致变形。使用时用力要适当、均匀，以免安装零件卡死。

铜棒的材料一般采用纯铜，其规格（直径 × 长度）通常有：20mm × 200mm、30mm × 220mm、40mm × 250mm 等。

（3）撬杠　撬杠主要用于搬运、撬起笨重物体。模具拆装过程中常用的有通用撬杠和钩头撬杠两种。

1）通用撬杠。通用撬杠在市场上可以买到，通用性强，如图 1-18 所示。在模具维修或保养时，对于较大或难以分开的模具用撬杠在四周均匀用力平行撬开，严禁用蛮力倾斜开模，造成模具精度降低或损坏，同时要保证模具零件表面不被撬坏。

图 1-17　铜棒

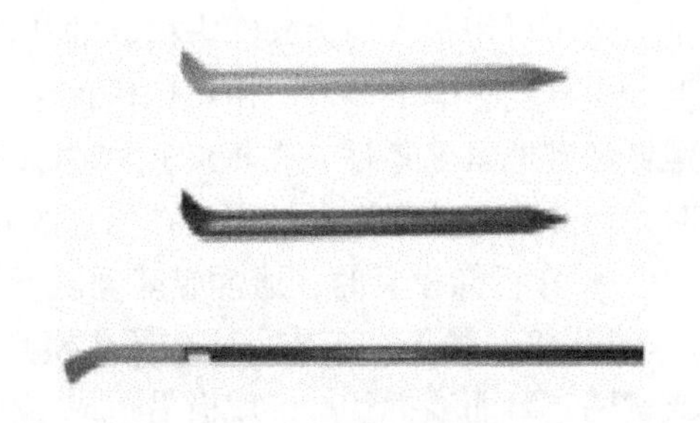

图 1-18　通用撬杠

【规格】通用撬杠的规格尺寸见表1-8。

表1-8　通用撬杠的规格尺寸　（单位：mm）

直径	20，25，32，38
长度	500，1000，1200，1500

2）钩头撬杠。钩头撬杠专门用于模具开模，尤其适合冲压模具的开模，如图1-19所示。通常一边一个成对使用，均匀用力。当开模空间狭小，钩头撬杠无法进入时，应使用通用撬杠。

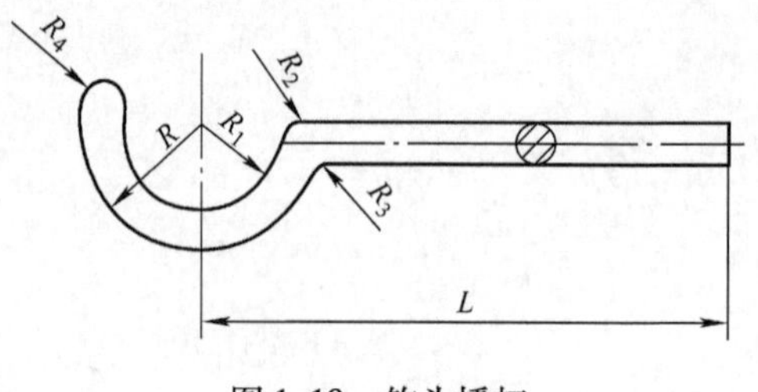

图1-19　钩头撬杠

【规格】钩头撬杠直径规格为15mm、20mm、25mm。钩头部位尺寸R_2、R_3弯曲时自然形成，R_4修整圆滑，R_1根据撬杠直径粗细取30～50mm。长度规格L为300mm、400mm、500mm。

1.2　模具拆装步骤、拆装要点

模具拆装是模具制造及维护过程中的重要环节。一方面，模具本身是组合装备，模具零件加工后需经过装配才能使用。由于受到设计水平和加工水平的制约，模具零件在加工完成后往往不能一次装配成功。为减少装配风险，在加工非标准零件时，常常预留一定的配模余量，待后续通过钳工反复配模，最终达到理想的装配效果。另一方面，模具在使用过程中的维修和维护也需要通过拆装才能实现。例如，由于设计、加工或使用不当造成模具损坏，如热流道浇口堵塞、排气槽堵塞、水（油、气）路泄漏等，都需要通过拆装进行维修。

1.2.1　模具拆装步骤

1. 模具拆装的一般规则

在拆装模具时可一手将模具的某一部分（如冲模的上模部分）托住，另一手用木锤或铜棒轻轻地敲击模具另一部分（如冲模的下模部分）的底板，从而使模具上、下分开。切记：绝不可用很大的力来锤击模具的其他工作面，或使模具左右摆动而对模具的牢固性及精度产生不良影响。接着，用小铜棒顶住销钉，拿锤子将销钉卸除，再用内六角扳手卸下紧固螺钉和其他紧固零件。在拆卸过程中，要特别小心，绝不可碰伤模具工作零件的表面。同时，拆卸下来的零、部件应放在指定的容器中，以防生锈或遗失。

- 在拆卸模具时，通常应遵循以下原则：

1）模具的拆卸工作，应按照各模具的具体结构，预先考虑好拆装程序。如果前后倒置或贪图省事而猛拆猛敲，就极易造成零件损伤或变形，严重时还将导致模具难以装配复原。

2）模具的拆卸流程一般是先拆外部附件，然后拆主体部件。在拆卸部件或组合件时，应按从外部到内部，从上部到下部的顺序，依次拆卸组合件或零件。

3）拆卸时使用的工具必须保证不会使合格零件发生损伤，应尽量使用专用工具，严禁用钢锤直接在零件的工作表面上敲击。

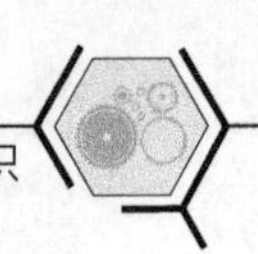

4）拆卸时，对容易产生位移而又无定位的零件，应做好标记；各零件的安装方向也需辨别清楚，并做好相应的标记，以免在装配复原时浪费时间。

5）对于精密零件，如凸模、凹模等，应放在专用的盘内或单独存放，以防碰伤工作部分。

6）拆下的零件应尽快清洗，以免生锈腐蚀，必要时需涂上润滑油。

- 在装配模具时，通常应遵循以下原则：

1）装配之前首先要对整副模具进行了解，看清总装图及设计师所制定的各项要求。

2）中、小型模具的组装、总装应在装配机上进行，既方便又安全。无装配机的应在平整、洁净的平台上进行，尤其是对于精密部件的组装，更应在平台上进行。大型或特大型模具，在地面上装配时，一是要求地面平整洁净，二是要求垫以高度一致、平整洁净的木板或厚木板。

3）所有成形件、结构件、配购的标准件和通用件都必须是经检验确认的合格品，否则不允许进行装配。

4）装配的所有零、部件，均应经过清洗、擦干。有配合要求的，装配时需涂以适量的润滑油。

5）一般在装配有定位销定位的零件时要先安装好定位销之后再拧螺钉进行紧固。

6）装配过程中不允许用铁锤直接敲打模具零件（应垫以洁净的木方或木板），应使用木质或铜质的榔头或铜棒，防止模具零件变形。在敲打装配件时注意要用力平稳，防止装配件敲打时卡死。

7）正确使用工具，使用完毕后需放置在指定位置。

2. 模具拆装步骤的准备

在拆装前，需进行一些必要的准备工作：

1）任何模具拆装之前先清理工作桌面，只有保持整洁的工作桌面才能进行有条理的拆装工作。

凌乱的工作桌面很容易使拆下来的模仁和螺钉不知去向。

2）拆任何模具之前先准备好放螺钉和模仁的盒具，严禁把螺钉和模仁直接丢放在桌上，这样很容易遗失。

拆下来的模仁和螺钉需分开放置，严禁混合在一起。

3）PL 面打开之前，最好先把固定上下固定板的大螺钉松一下，因为 PL 面打开以后，母模侧重量较轻，当固定螺钉锁太紧时很难松下来。

松开固定板螺钉时，如果不使用拉杆，一定要用手扶公模板，弹簧在放松的瞬间很容易把公模板弹倒，倒下后公模仁极易受损。

4）拆较大的模仁时，一定要先把定位块敲出来，若将模仁整个敲出会很重，容易受损。

当敲出模仁时，一定要看清楚模仁上有无斜块结构，如果有，那就应首先考虑好拆的顺序。如图 1-20 所示的斜块结构首先应把 C 敲出，否则无论是先敲 A、B、D 的哪一块都容易使 B 模仁受伤，特别是当 B 有外观面时，更需切记。

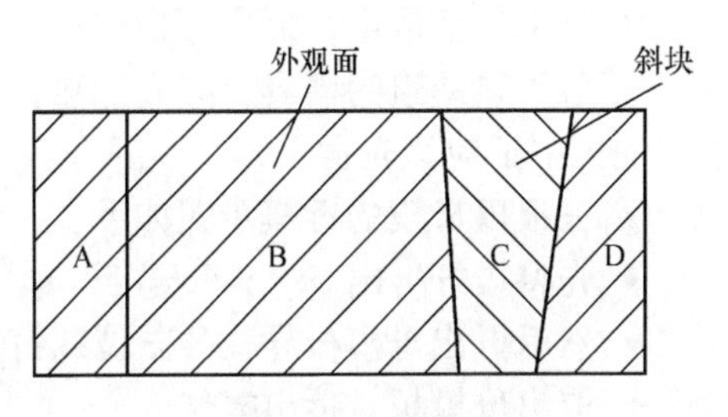

图 1-20 拆模仁

5）拆任何有滑块装置的模具时，必须先把滑块取下来，否则滑块没取敲出模仁，滑块必定要断裂，如图 1-21 所示。

敲出
滑块
断裂

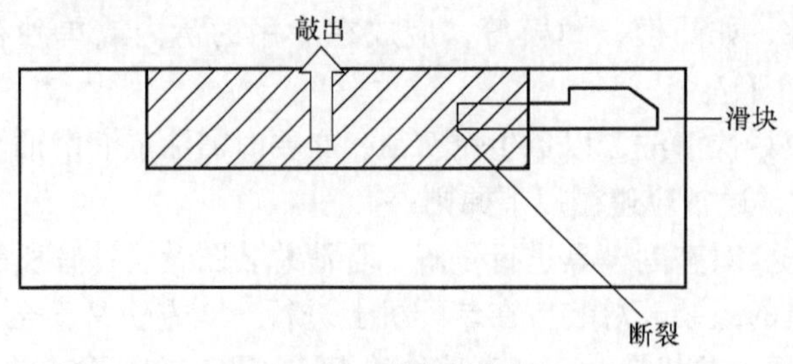

图 1-21　带滑块模具

拆模具时首先确认模上有无刻印记号，否则拆完以后分不清哪个模仁应摆放在哪个位置。

模具号码不清楚会给型修带来很大困扰，所以装配过程中要首先确认装配的模仁是否有雕刻号码。若没有，也要花时间　并补上，切记！如图 1-22 所示。

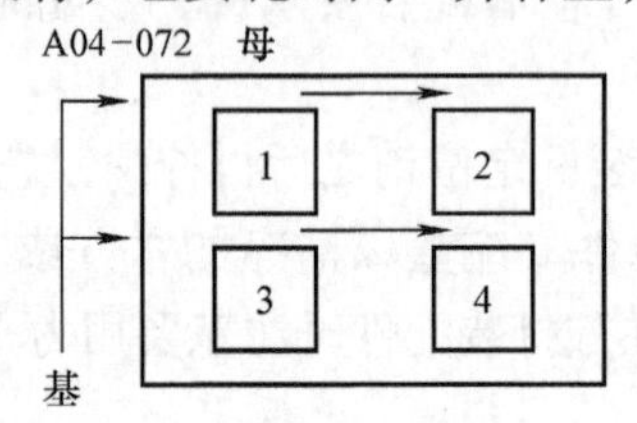

A04-072　母
1
2
3
4
基
公　A04-072
2
1
4
3
基

图 1-22　模具号码

任何号码的排列都必须从基地正上方开始。

任何人拆装模具敲打模仁制品时，都不得使用钢块或比红铜更硬的材料，若要敲齿轮轮模，需使用塑料棒，如图 1-23 所示。

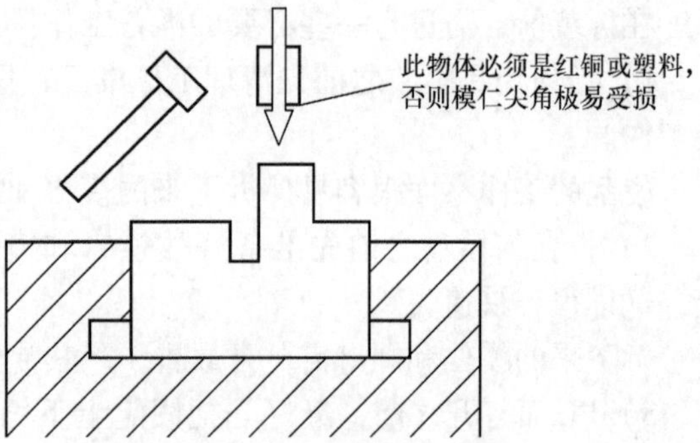

此物体必须是红铜或塑料，
否则模仁尖角极易受损

图 1-23　用塑料棒敲打

3. 模具拆装步骤及其注意事项

以塑料模具为例，介绍拆装模的步骤。

（1）拆模步骤及注意事项

1）母模的拆模步骤。

① 两板模母模拆模步骤如下：

• 先将母模吊到水平钢板上，拆掉母模固定板。

• 将水口杯取出，拆出母模仁。

• 对于热流道的模具，应先加热，将热流道取出，然后再拆出模仁（对于有油压中子的，油压中子应该先拆出）。

② 三板模母模的拆模步骤如下：

• 先将拉杆拆出。

• 然后拆出母模板导柱的限位螺钉。

• 取出母模板，拆出模仁。

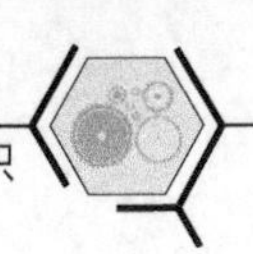

2）公模的拆模步骤。

① 一般公模的拆模步骤如下：

- 先将公模导柱拔出，拆出公模固定板。
- 拆顶针固定板。
- 拆出模仁。

② 对于有司筒、滑块、斜顶的公模，拆模步骤如下：

- 应先将公模平放，将滑块拆出。
- 将司筒针拆出（注意字码，以免搞混）。
- 将导柱拔出，拆出公模固定板。
- 拆出斜顶螺钉（对于斜顶用限位块拉住的模具，应拆出顶针固定板，然后用C形夹夹住，将斜顶限位块取出）。
- 拆顶针固定板（注：对于斜顶是用螺钉锁的，应先用C形夹夹住，C形夹使用中上下受力要相等，以免顶针变形）。
- 拆出顶针板，将斜顶取出，摆放整齐（拆装时应该注意字码标记）。
- 拆出模仁（若斜顶是在模仁上固定限位的，如DVD LID模具，应先拆出模仁，再拆斜顶；对于顶针板是气缸顶出的模具，在拆模前，应先拆出气缸）。

（2）装模步骤及注意事项　模具装配前，应先检查各类零件是否清洁、有无划伤等，如有划伤或毛刺（特别是成型零件），应该用磨石等进行打磨。

导柱装入时，应注意拆卸时所做的记号，避免方位装错，以免导柱或母模上导套不能正常装入。

推杆复位杆在装配后，应动作灵活，尽量避免磨损。

装模工作结束后，清理使用工具，清理工作场地，保持清洁，并针对作业动作做好对应记录。

1.2.2　模具拆装要点

下面以塑料模具拆装来说明拆装过程中的要点。

1. 塑料模具拆卸前的准备工作

拿到要拆装的模具后，首先需进行观察分析，并做好相关记录。

1）模具类型分析：对给定模具进行模具类型分析与确定。

2）塑件分析：根据模具分析，确定被加工零件的几何形状及尺寸。

3）模具的工作原理：分析其浇注系统类型、分型面及分型方式、顶出方式等。

4）模具的零部件分析：初步确定模具各零部件的名称、功用、相互配合关系等。

5）确定拆卸顺序：拆卸模具之前，应先区分可拆件和不可拆件，制定拆卸方案，经指导教师审查同意后方可开始拆卸。

2. 塑料模具的拆卸要点

拆卸塑料模具时，通常先将模具的动模和定模分开。将动、定模的紧固螺钉分别拧松，再打出销钉。

接着，用拆卸工具将模具各主要板块拆下，然后从定模板上拆下主浇注系统，从动模上拆下顶出系统，拆散顶出系统各零件，从固定板中压出型芯等零件。有侧向分型抽芯机构时，拆下侧向分型抽芯机构的各零件。

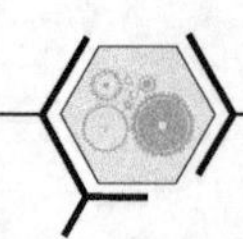

拆装定模部分原则：先取螺钉，再取销钉，取销钉时从分型面往下打；装销钉时也是从分型面往下打；拆定模时用螺钉旋具或六角扳手卸下螺钉，再用垫铁把模具分型面朝上平放在上面，用销钉棒把销钉往下敲出。

针对各种模具需具体分析其结构特点，采用不同的拆卸方法和顺序。

3. 塑料模具每部分拆卸细节知识要点

拆浇口套：先拆下定位圈，再用铜棒冲出浇口套。

拆成型零件：把型腔板的分型面朝上平放在垫铁上，用软制金属（铜棒或铝棒）拧出凸模或型芯。装销钉时必须把销钉擦干净确认无砂子和无刺后方可装上，而且必须从分型面往下打。

拆装动模部分：原则是先取螺钉再取销钉，取销钉要从分型面往下打。

拆支承块：用螺钉旋具或六角扳手卸下螺钉，再把模具放在垫铁上，分型面朝上，最后用销钉棒把销钉往下冲出，支承块和动模就拆下了。

拆顶出杆：卸下动模板和支承块后，亮出顶杆推板。用螺钉旋具或六角扳手拆下推板上的螺钉，拿开推板，就能把推杆从推板固定板中取出或者是将推杆和推板固定板一起从凹模中取出。

拆成型件：取出顶杆后，拿开固定板，可看见凹模或凸模固定板上凸模或型芯在上面的固定情况，把型腔的分型面朝上，用铜棒可把凸模或型芯拆下来，装动模时销钉必须是从分型面向下打。

4. 模具装配的知识要点

装配冲裁模与拆卸的次序正好相反，即先拆的零部件后装，后拆的先装，由里至外。装配步骤如下：

1）装模具的工作零件（如凸模、凹模或型芯、镶件等），一般情况下冲模先装下模部分、注塑模先装动模部分比较方便。

2）装配推料或卸料零部件。

3）在各模板上装入销钉并拧紧螺钉。

4）总装其他零部件。

5）指导教师进行模具装配复原考评，考评表见表1-9。

表1-9　考评表

序号	项目与技术要求	配分	评定方法	实测记录	评分
1	穿工作服、戴手套	10	没有穿戴，一次性扣10分		
2	无工具、零件掉落地上	5	每掉落一次扣1分，扣完5分为止		
3	无乱敲乱打、站上桌等野蛮操作	5	出现一次扣完5分		
4	无安全事故	10	出现零件损坏或工伤，扣完10分		
5	30min完成项目操作	10	每提前1min，加0.5分；每延时1min，扣0.5分		
6	工具使用正确	10	不正确每次扣2分		
7	工艺顺序正确	10	不正确扣2~10分		
8	现场整洁	10	现场凌乱扣2~10分		
9	模具拆装结构正确	15	不正确扣5~15分		
10	团结协作精神强	15	协作精神不强扣5~15分		

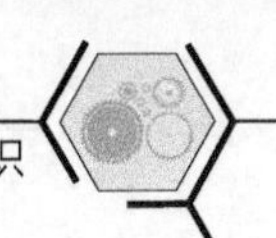

① 拟定装配顺序：以先拆的零件后装、后拆的零件先装为一般原则制定装配顺序。

② 按顺序装配模具：按拟定的装配顺序将全部模具零件装回原来的位置。注意正反方向，防止漏装。其他注意事项与拆卸模具相同。

③ 装配后的检查：观察装配后的模具与拆卸前是否一致，检查是否有错装或漏装等。

④ 绘制模具总装草图：绘制模具草图时在图上记录有关尺寸。

5. 装配和拆卸过程中的注意事项

1）拆卸前，应对模具的一些重要尺寸进行测量，如模具的总体外形，长×高×宽。注意观察了解模具的工作性能、基本结构及各部分的重要性，具有连接关系的各个模具零件应做好连接标记，以防在装配时，将各类对称零件及安装的方位混淆了。

2）装配和拆卸过程中如有需要打击时，要用铜棒，切忌用锤子或任何钢质材料直接打击模具，否则可能会造成模具零件的变形和损坏。

3）对于不可拆卸或不易拆卸的零件，如型芯、型腔、镶件还有导套，不要拆卸。因为这些零件和模块之间一般都是过盈配合，如果强行拆出，可能会造成模具变形，难以使其再次复原。

4）在拆卸过程中，拆卸下来的零部件应尽可能分门别类地放入专门盛放零件的塑料盒中，不要乱丢乱放，以免出现丢失或混淆零件的现象，要放稳放好。工作地点要经常保持清洁，通道不准放置零部件或者工具。

5）模具装配拆卸过程中要注意拆卸平衡，防止出现卡死现象。尽量使零件在分离时能够平行分开，以免由于倾斜开模使模具的其他零件受到损坏。

6）当然，最重要的还是拆卸过程中的人身安全问题，对于各个重要和外形较大的零部件（如动定模等），一定要放置稳当，防止其滑落或倾倒砸伤人而出现事故。尽管实验室的模具都是小型模具，但其重量还是不可忽视的，避免将脚砸伤。拆卸模具的弹性零件时应防止零件突然弹出伤人。传递物品要小心，不得随意投掷，以免伤及他人。不能用拆装工具玩耍、打闹，以免伤人。

7）重量轻的小型模具不需要起重设备，所以可以将其水平放置在平整的钢板上，对其进行拆卸即可。如果是大中型的模具，由于它们的重量和体积都较大，人无法搬动，可以用起重设备，如吊车或手动葫芦，将其竖直放置在等高垫铁或方木块上，即定模在上，动模在下。

8）按拟定的顺序进行模具拆装，要求体会拆卸连接件的用力情况，对所拆下的每一个零件进行观察，测量并记录。记录拆下零件的位置，按一定顺序摆放好，避免再组装时出现错装或漏装。

9）准确使用拆卸工具和测量工具，拆卸配合件时要分别采用拍打、压出等不同方法对待不同配合关系的零件。注意受力平衡，不可盲目用力敲打。不可拆的零件和不宜拆卸的零件不要拆卸，在拆卸过程中要注意同学们的人身安全，不要损坏模具各器械。

6. 安全问题

（1）人身安全　人身安全是模具拆装的第一要点！在装配操作过程中应严格按照规范进行。当出现无法确认安全的情况时，应及时向有经验的模具工程师咨询。以下是一些常见的安全规范：

1）拆装前先检查拆装工具是否完好。

2）当模板或模具零件质量大于25kg时，不可用手搬动，最好能用起重机进行吊装。

3）吊环安装时一定要旋紧，保证吊环台阶的平面与模具零件表面贴合。吊环大小的选用和安装最好按照标准件供应商提供的参数。

4）拆装有弹性的零件（如弹簧）时，要防止弹性零件突然弹出而造成人身伤害。

5）安装电线时要先检查电线是否完好，胶皮是否有脱落。安装时要保证电线胶皮不被模具尖锐外形划破。在接头处要有很好的绝缘措施。

6）安装液压元件和液压管道时，要保证液压元件和液压管道所能承受的压力大于设备对此管路所提供的压力，并且保证不漏油。因为液压管路的压力一般是比较大的，所以要特别注意。

7）对于布置了气道的模具（如吹塑模、气辅模、气体顶出或气体辅助顶出的注塑模等），保证气体管路的密封性和畅通性对于人身安全（特别是模塑工）是相当重要的，而且漏气经常会制造很大的噪声。

8）在安装油路、气路、水路的堵头和接头时，要仔细检查管螺纹是否符合标准，防止泄漏。

9）任何时候都要严格遵守车间内的操作规程，如工具和模具零件的摆放要求。

（2）模具零件的安全　拆装过程中模具零件不能损坏、丢失，不能降低零件精度。以下列举一些常见的注意事项：

1）对于镜面抛光的表面要防尘，不可用手触摸。

2）在零件传递时，应尽量不用手握一些表面要求和精度要求较高的部位。

3）零件在拆卸之后或安装之前要进行防锈防腐处理，例如水路和一些需经常接触腐蚀性物质的零件。

4）在装夹已制造好的零件时，夹具和零件的接触面处，夹具的硬度必须比零件的硬度小，最好的办法是在夹具上垫上黄铜垫片，以免损伤零件表面。

5）在安装需要经敲打装入的零件时，用于敲打的物件的硬度不可大于模具零件，例如不可用榔头，一般情况下用铜棒。

6）在安装螺钉时，螺钉必须拧得足够紧，以保证对螺钉有足够的预载，所以在安装时经常要用套筒来加长内六角扳手的力臂，但是在安装时还得注意力臂不可过长，最好是能够按照标准件供应商的标准决定力臂的长度。因为如果力臂过长，螺钉可能因受力过大导致失效，模具就会处于非常危险的境地。

1.3　模具钳工工具及其使用技巧

钳工主要是通过手持工具对夹紧在钳工工作台虎钳上的工件进行切削加工，完成某些零件的加工、机器或部件的装配和调试，以及各类机械的维护与修理等工作，它是机械制造中的重要工种之一，如图1-24所示。目前，采用机械方法不太适宜或不能解决的某些工件和装配，常由钳工来完成，按技术要求对工件进行加工、修整和装配。钳工可分为普通钳工、工具钳工、机修钳工和装配钳工等。普通钳工主要指对零件进行装配、修整、加工的人员。机修钳工主要从事各种机械设备的维修、修理工作。工具钳工主要从事工具、模具、刀具的制造和修理。装配钳工是按机械设备的装配技术要求进行组件、部件装配和总装配，并经过

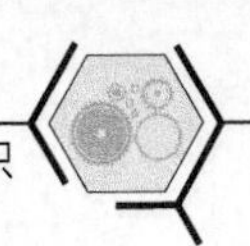

调整、检验和试车。

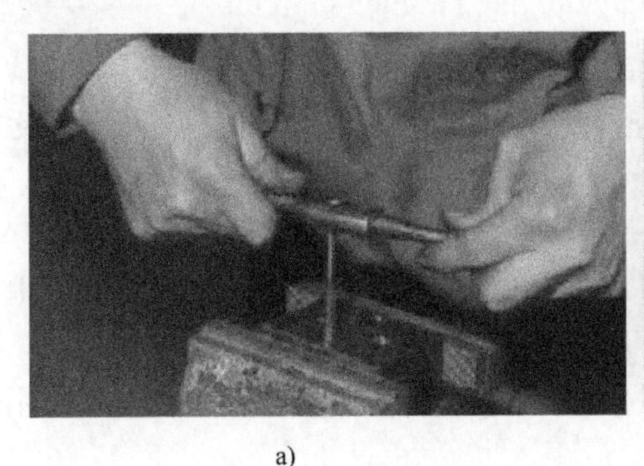
a)

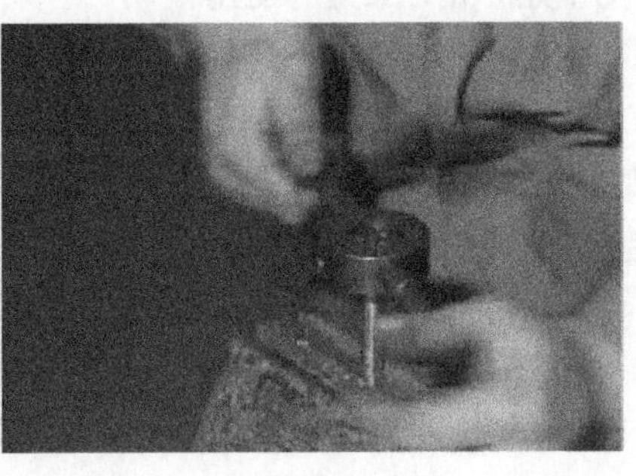
b)

图1-24　钳工
a）攻螺纹　b）套螺纹

钳工的基本操作有以下几种。

1）辅助性操作：即划线，它是根据图样在毛坯或半成品工件上划出加工界线的操作。

2）切削性操作：有锯削、锉削、錾削、铆接、锡焊、粘接、矫正和弯形、钻孔、扩孔、铰孔、刮削和研磨、攻螺纹等多种操作。

3）装配性操作：即装配，将零件或部件按图样技术要求组装成机器的工艺过程。

4）维修性操作：即维修，对机械、设备进行维修、检查、修理的操作。

1. 模具钳工工具分类

在模具制造、维修及拆装过程中经常会使用各种钳工手工工具，如拆装工具、划线工具、夹紧工具和抛光工具等。熟练、灵活运用这些工具是提高生产效率、提高装配及维修质量的有效手段。常用模具钳工手工工具、量具的分类见表1-10。

其他常用钳工工具有钳工工作台、钢锯架和锯条、刮刀、摇臂钻、手电钻、錾子、铁剪、丝锥和铰杠、板牙和板牙铰杠、砂轮机等。工作台用于安装台虎钳，存放工、夹、量具。台虎钳用来夹持工件。砂轮机用于刃磨刀具、工具。台式钻床用于小型工件的钻、扩直径12mm以下的孔。

表1-10　常用模具钳工手工工具、量具的分类

类　别	具体内容及功用
拆装工具	如扳手、螺钉旋具、手钳、锤子、铜棒、撬杠、卸销工具、吊装工具等
划线工具	如划线平台、划针、划规、划线盘、万能分度头、角尺、钢直尺、游标高度尺、样冲等
夹紧工具	如台虎钳、机用平口钳、压板、螺栓及垫铁、手虎钳等
修整、抛光工具和材料	如錾子、锤子、手锯、锉刀、钻头、丝锥、板牙、磨头、研磨机、磨光机、磨石、砂布、砂纸、羊毛毡抛光轮、金刚石抛光膏、抛光油、纸巾、棉花等
米尺	测量长度、划线
游标卡尺	测量长度、外径，分度值为0.02mm
外径千分尺	测量长度、外径、内径，分度值为0.01mm
百分表	测量平面度，分度值为0.01mm
分度头	正确等分圆周

2. 常用模具钳工工具的使用说明

通常，钳工的工作场地需要保持规范整洁，毛坯、工件应分开放置，主要设备应合理布置。钳工工作人员需要穿戴防护用品，不能擅自使用不熟悉的机床、工具、量具；毛坯、半成品按规定摆放，随时清理油污、异物；不允许用手直接拉、擦切屑；工具、夹具、量具放在指定地点，合理摆放，严禁乱放；工作中一定要严格遵守钳工安全操作规程。

（1）钳工工作台　钳工工作台也称为钳台，有单人用和多人用两种，一般用木材或钢材做成。要求平稳、结实，其高度为800 ~900mm，长和宽依工作需要而定。

钳口高度恰好齐人手肘为宜，如图1-25 所示。钳台上必须装防护网，其抽屉用来放置工、量用具。

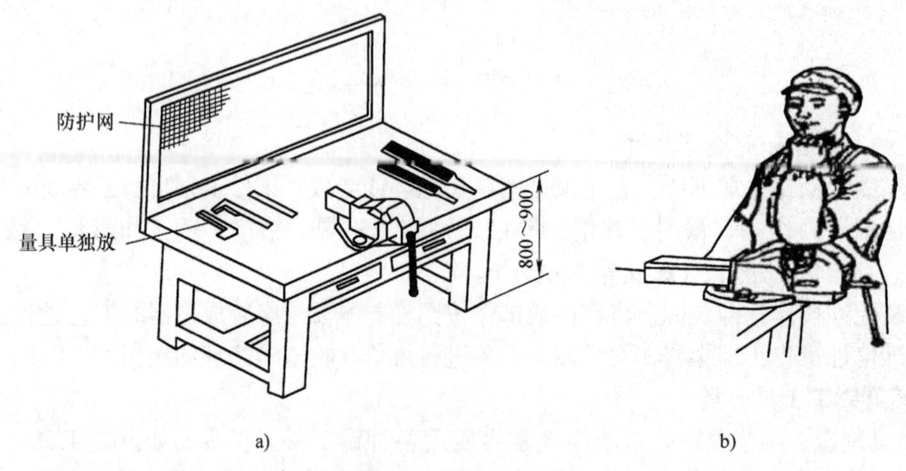

图1-25　钳工工作台

a）工作台　b）钳口高度

（2）台虎钳　台虎钳如图1-26 所示，用来夹持工件，其规格以钳口的宽度来表示，有100mm、125mm 和150mm 三种。

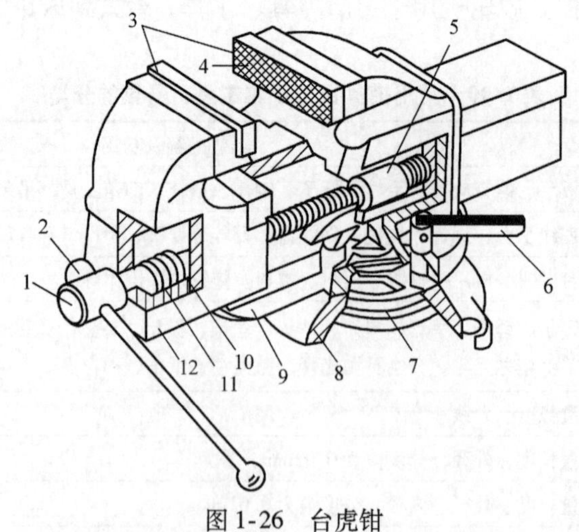

图1-26　台虎钳

1—丝杠　2—手柄　3—活动、固定钳口　4—钳口铁　5—螺母　6—夹紧手柄
7—夹紧盘　8—转盘座　9—固定部分　10—钳体　11—弹簧　12—活动部分

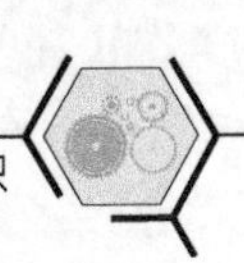

台虎钳的正确使用和维护方法为：

1）台虎钳必须正确、牢固地安装在钳台上。

2）工件的装夹应尽量在台虎钳钳口的中部，以使钳口受力均衡，夹紧后的工件应稳固、可靠。

3）只能用手扳紧手柄来夹紧工件，不能用套筒接长手柄加力或用锤子敲击手柄，以防损坏台虎钳零件。

4）不要在活动钳口表面进行敲打，以免损坏与固定钳口的配合性能。

5）加工时用力方向最好是朝向固定钳口。

6）丝杠、螺母要保持清洁，经常加润滑油，以便提高其使用寿命。

（3）钻床　台钻是一种小型机床，主要用于钻孔，如图1-27所示。一般为手动进给，其转速由带轮调节获得。台钻灵活性较大，可适用于很多场合。一般台钻的钻孔直径小于13mm。

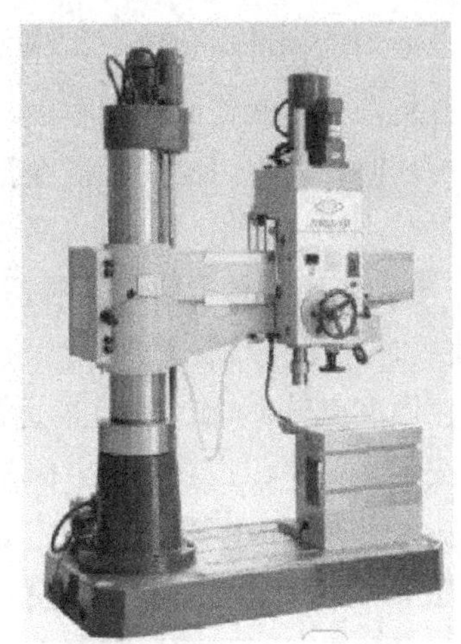

图1-27　台钻

（4）砂轮机　砂轮机用于磨削各种刀具和工具，如钻头、錾子和划针等，如图1-28所示。需要注意的安全事项如下：

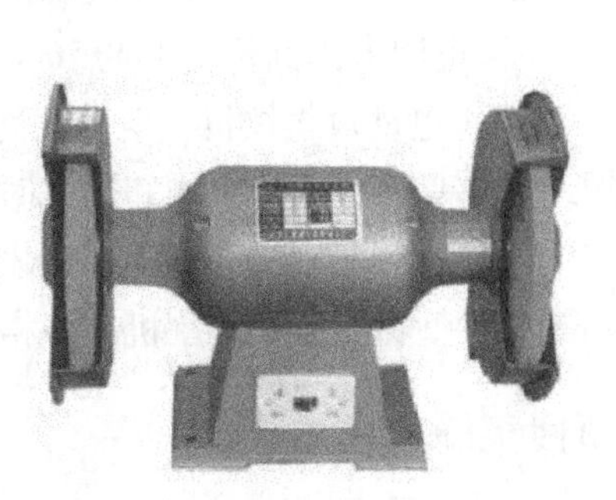

图1-28　砂轮机

1）旋转方向正确。

2）起动后，待转速平稳后再磨削，发现跳动，立即停机修整。

3）搁架与砂轮间隔小于3mm。

4）磨削过程中，操作者应在砂轮的侧面或斜侧面。

5）不能频繁起动。

（5）手电钻　它是用来对金属或其他材料制品进行钻孔的电动工具，其特点是体积小，重量轻，使用灵活，操作简单。使用时注意事项如下：

1）使用手电钻前，需先空转1min左右，检查传动部分运转是否正常。

2）钻头必须锋利，钻孔时用力不应过猛。当孔将要钻穿时，应相应减轻压力。

（6）模具电磨　它配有各种形式的磨头以及各种成形铣刀，适用于在工具、夹具和模具的装配调整中，对各种形状复杂的工件进行修磨、抛光或铣削。使用时注意事项如下：

1）安装软轴或更换磨头时，务必切断电源。

2）软轴与机身的夹头以及软轴与磨头的夹头，务必要用小扳手锁紧。

3）使用前需先开机空转2～3min，检查是否正常。

4）所用砂轮的外径不能超过磨头标牌上规定的尺寸。

5）使用时，砂轮和工件的接触压力不宜过大。

6）使用切割片加工时，注意安全，以防切割片飞出伤人。

（7）电剪刀　其特点是使用灵活，携带方便，能用来剪切各种几何形状的金属板材。剪切成形的板材，具有板面平整、变形小、质量好等优点。同时也是对各种形状复杂的大型样板进行落料加工的主要工具之一。使用时应注意以下事项：

1）电剪刀剪切的板料厚度不得超过标牌上规定的厚度。

2）开机前检查螺钉的牢固程度，然后开机空转，待运转正常后方可使用。

3）剪切时，两刀刃的间距需根据板材厚度进行调整。

4）进行小半径剪切时，需将两刃口的间距调至0.3～0.4mm。

（8）电动扳手　其主要用来装拆螺纹联接件，分为单相冲击电动扳手和三相冲击电动扳手。使用时应注意以下事项：

1）使用前空转1min，以检查是否正常。

2）按下开关空转，看转动方向是否是需要的。

3）扳手工作制为断续工作制，运行周期为2min。

4）使用时应扶正电动扳手，使其轴线与螺纹线对正，握稳按下开关即可工作。

5）若电动机不能起动，或电动机转动而工作头不冲击，应先检查电刷磨损情况及冲击块与主动轴人字槽处或其他转动配合部位是否有起毛刺、钢球脱落等现象。

6）电刷磨损到长度不足5mm时，应及时更换。

（9）电动攻螺纹机　电动攻螺纹机主要用于加工钢件、黄铜件、铝件等金属零件的内螺纹。它具有正反转机构和过载时脱扣等优点。

（10）型材切割机　型材切割机主要适用于切割圆形钢管、异形钢管、角钢、扁钢和槽钢等各种型材。型材切割机的规格指所用砂轮的直径尺寸。

项目实施

通过上述模具拆装必备知识的学习，学生应对模具拆装常用工具有了一定的认知，了解其选择及正确的使用方法。同时，掌握模具拆装的基本步骤及拆装要点。下面请各位同学结合相关视频，分组交流讨论，进一步掌握相关理论知识。

本项目小结

本项目首先介绍了常用模具拆装工具及操作方法，在此基础上列举了模具拆装的一般步

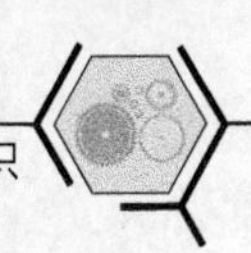

骤及拆装要点，最后简述了模具钳工工具及其使用技巧，为后续模具拆装实训的顺利进行奠定基础。

实训与练习

1. 模具拆装常用的工具有哪些?
2. 模具拆装的具体步骤是什么？以拆装塑料模具为例说明。
3. 简单说明模具拆装的要点。

项目2

润品科技模具虚拟实验室简介

项目目标

1. 掌握润品科技模具虚拟实验室 RPXM 1.6 版的安装步骤。
2. 会灵活地运用模具虚拟实验室自主学习，并进行典型模具结构的拆装。

【能力目标】

能自主观看典型模具拆装的视频，学习配套的 CAX 立体词典相关资料。

【知识目标】

- 通过视频学习，了解软件中典型模具拆装的操作流程。
- 熟悉虚拟拆装软件的主要功能和用途。

项目引入

模具结构的认知是进行模具设计必须首先解决的关键问题。模具的拆装不仅是模具教学中的一种有效学习手段，更是模具制造岗位必须掌握的工作技能。本项目中涉及的润品科技模具虚拟实验室是由上海润品教学教仪研发中心基于 UG NX6.0 以上版本自主研发的虚拟模具拆装的教学软件，通过介绍该软件的安装、功能用途及操作方法，学生应掌握该模具虚拟实验室平台的基本拆装流程，为后续模具的自主拆装及自主学习打下坚实的基础。

项目分析与分解

本项目主要从以下方面来介绍润品科技模具虚拟实验室。

2.1　软件的安装

2.2　虚拟拆装的优势

2.3　虚拟实验室的主要功能

项目实施

2.1　软件的安装

为了方便初学者的学习，本文首先介绍模具虚拟实验室的安装步骤。

安装本软件之前，计算机首先需要安装 UG NX6.0 及以上版本的软件。只有在安装

UG NX6.0及以上版本软件后，才能运行润品教仪模具虚拟实验室。

安装润品教仪模具虚拟实验室步骤如下。

1）打开润品教仪模具虚拟实验室 RPXM 1.6 版文件夹，双击文件夹中的 Setup.exe，如图 2-1 所示，进入安装界面。

2）单击“下一步”，如图 2-2 所示。选择安装路径（建议保存在 D 盘中，将 C 改为 D 即可），单击“安装”，开始进行软件安装。

3）在安装的过程中，会出现如图 2-3 所示的提示操作窗口，提示安装立体词典。单击“是”进行安装。

名称	修改日期	类型	大小
caxdic	2013/4/22 19:37	文件夹	
mjlab	2013/4/27 13:19	文件夹	
autorun.apm	2010/3/19 15:44	APM 文件	42 KB
ecode.exe	2006/5/24 10:34	应用程序	189 KB
series_mold.exe	2011/6/7 16:04	应用程序	228 KB
series_mold_develop.exe	2011/6/7 16:05	应用程序	228 KB
series_mold_exam.exe	2011/6/7 16:05	应用程序	228 KB
Setup.exe	2012/12/12 20:54	应用程序	116 KB
关于我们.doc	2012/12/12 14:50	Microsoft Word ...	24 KB

图 2-1　解压后的文件夹

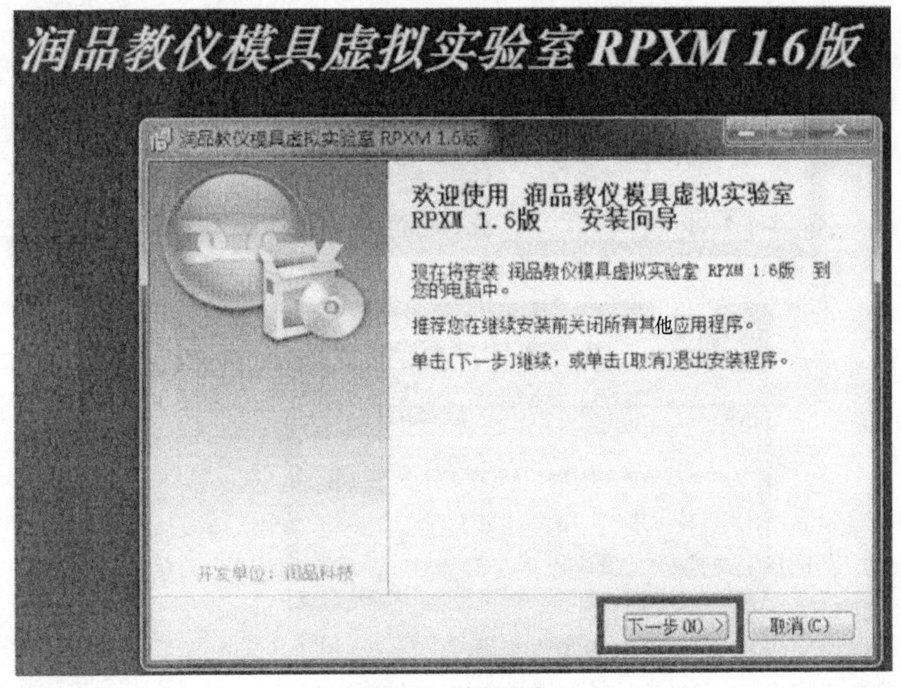

图 2-2　安装界面

4）单击“下一步”按钮，选择安装路径（建议保存在 D 盘中，将 C 改为 D 即可），之后单击“下一步”，单击“安装”按钮。

5）在安装过程中，会出现如图 2-4 所示的提示操作窗口，提示安装海海软件全能播放器。

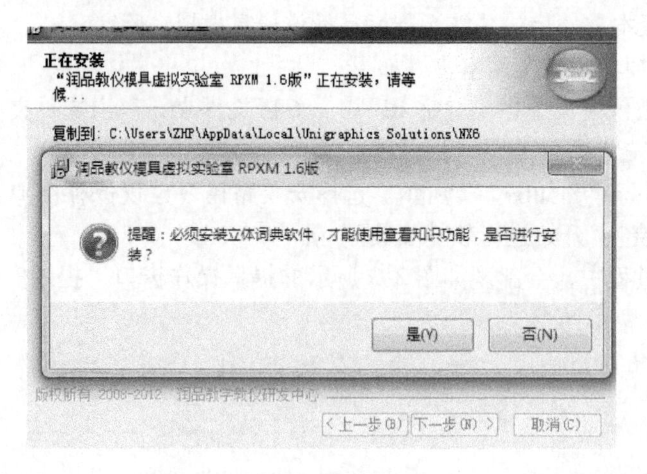

图 2-3　安装立体词典

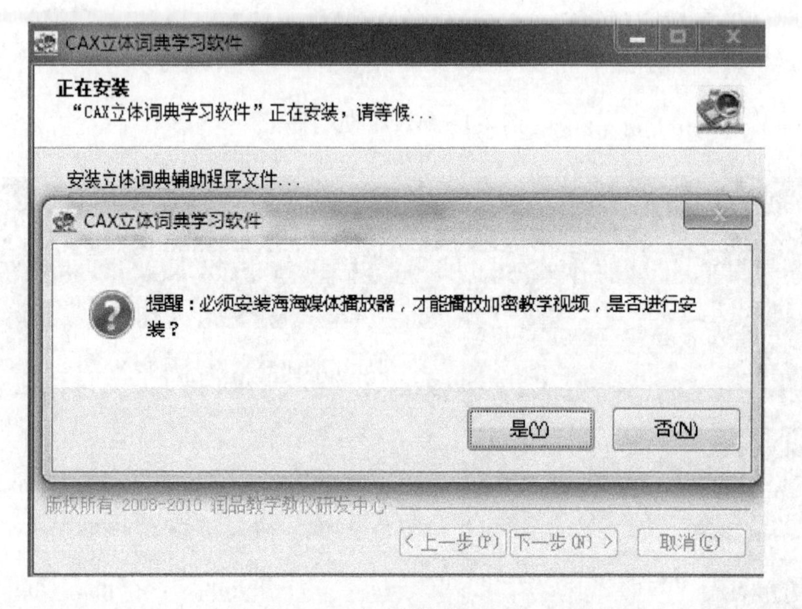

图 2-4　安装播放器

单击"是"，单击"下一步"，单击"我接受"，关闭"默认播放所有媒体格式"，再单击"下一步"，选择安装路径（建议保存在 D 盘中），单击"安装"，单击"完成"，完成播放器的安装。

6）单击"完成"，完成立体词典的安装。

7）单击"完成"，完成润品教仪模具虚拟实验室的安装。

此时完成软件的全部安装操作。双击打开 UG NX 后，在软件菜单栏单击"模具虚拟实验室"选择所需模具后，即可进入润品教仪模具虚拟实验室，如图 2-5 所示。

注意：该软件需在授权后才能使用。

如教师在机房授课，可使用局域网版本，在插入加密狗后，单击 UG 软件界面的系统配置菜单，进入选项后，出现图 2-6 所示的对话框。在"Property Sheet"对话框中，单击

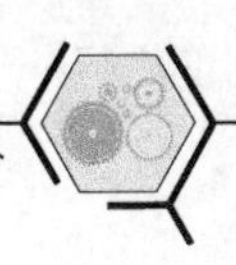

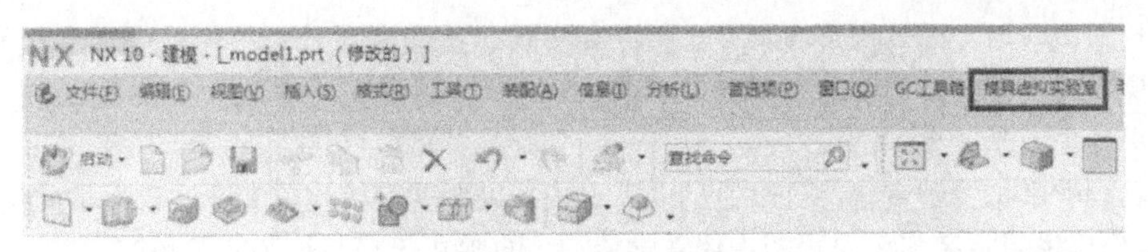

图 2-5　模具虚拟实验室界面

“常规”选项卡可开启考试模式，导出考试记录情况。单击“自主拆装相关”选项卡，在学生机输入教师机 IP 后，单击“修改 IP”即可直接自动验证，保证该软件的正常运行。

教师机单击“开始服务器”，弹出服务器对话框（请注意，此时对话框必须保持开启），教师可查看登录人数。

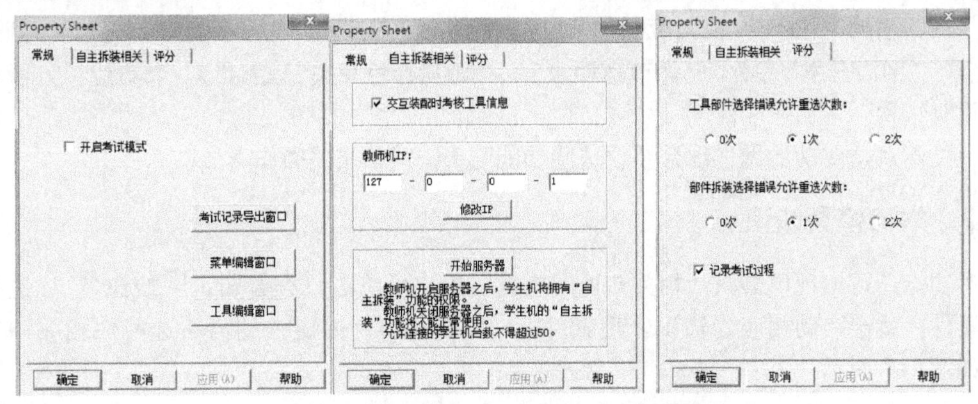

图 2-6　系统配置“Property Sheet”对话框

2.2　虚拟拆装的优势

为了提高学生模具实物拆装实训的学习效率，通常，在学生正式动手实物拆装前，教师需要向学生仔细讲解所要拆装的模具结构、拆装步骤及拆装要点，并以视频或动画的形式演示拆装过程。这一过程需要教师的亲自引导，以帮助学生进行下一步的实训操作，但这并不是最有效的教学手段。

与此同时，由于每个学生的学习领悟程度不一样，不便于教师及时掌握每个学生的学习情况，采取有重点、针对性的个别指导。

如若在学生进行实物拆装前，先安排一定课时的计算机辅助虚拟拆装，则可以避免在实物拆装实训过程中出现混乱，提高拆装实训的学习效率。与传统的实物模型拆装实训相比，虚拟拆装实训有许多独特的优势，如实训成本极低、实验内容更丰富、教学功能更强大，不受时间、空间限制，可以反复进行等。虚拟拆装实训可以使每一个学生都能得到充分的实训机会，可以在保证教学效果的前提下，实现规模化教学。

2.3　虚拟实验室的主要功能

模具教学虚拟实验室软件专用于模具设计及模具拆装课程教学，其中包含了模具结构查看、模具知识学习、模具拆装演示、自主拆装实验、运动仿真及考核模式等多种教学工具，使模具课程教学模式由传统的“单向”转变为“互动”，学生由“被动”变为“主动”，从而大大提升了教学效果。

模具教学虚拟实验室软件可以通过以下方式帮助职业院校模具专业改善教学质量。

1）作为模具拆装实验课程的主体教学资源，直接用于模具拆装实验环节。

2）作为模具设计课程的辅助教学资源，提升教学效果。

接下来介绍该模具教学虚拟实验室软件所能实现的主要功能。

2.3.1 查看典型模具结构

本功能模块提供了“隐藏所选对象”、“反隐藏所选对象”、“显示所有对象”、“视图缩放”、“视图旋转”、“平移对象”、“适应窗口”、“打开剖面”、“剖面开发”、“调节透明度”、“真实着色开关”共 11 个功能，方便学生观察模具结构。

此处不对这些功能做详细介绍，这些功能与 UG 菜单相关操作类似。

2.3.2 学习模具知识

本功能还可实现模具设计相关知识的查看。用户可单击“查看知识”按钮，选择相应的零件，就会启动相应的知识管理软件——立体词典，并定位到与所选零件相关的知识点，如图 2-7 所示。

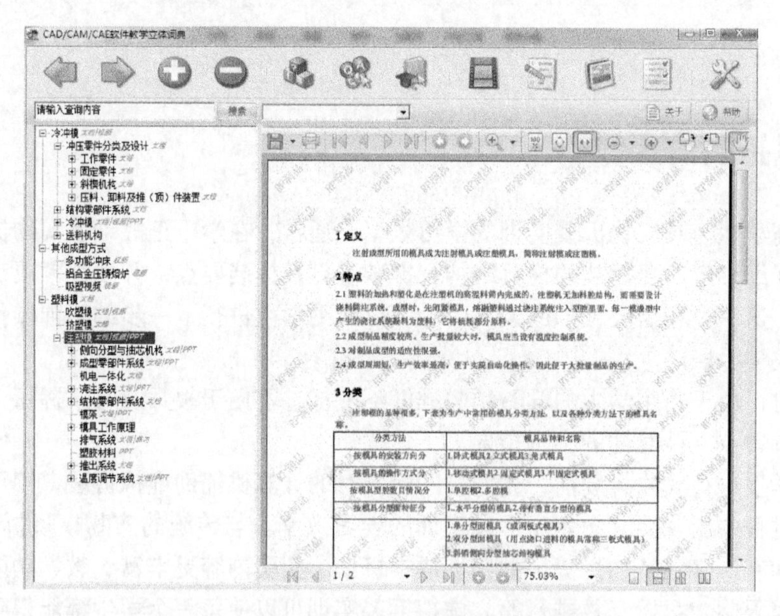

图 2-7　CAD/CAM/CAE 软件教学立体词典⊖

另外，用户也可以直接在该软件上查看模具相关知识。其左侧为系统知识结构栏，该树的节点显示了所有知识，可通过单击树状结构的节点查看不同结构的知识点。正中窗口为知

⊖ GB/T 8541—2012 中要求冷冲模、冲床术语不宜使用，应用冲模、压力机。

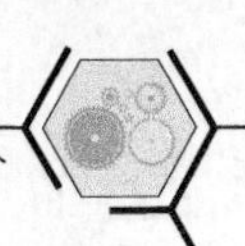

识界面栏，该窗口为知识点的主体窗口，用来显示相应知识点的具体内容。在右上方还可以打开相对应的PPT、视频等各种类型文件（注：有些知识点配套有，有些知识点没有）。

2.3.3　模具拆装演示

图2-8所示为拆装实验菜单栏，单击“拆装演示”按钮，会弹出图2-9所示的播放条。可通过单击“连续拆”或“单步拆”观看拆装演示视频。若单击播放条上的“连续拆”按钮，则可观看指定模具的连续拆卸视频。若想一帧帧地观看视频，则可单击播放条上的“单步拆”观看每一步的拆卸过程。通过单击“向前播放”“下一帧”“快进到结尾”等按钮，可查看模具的拆装过程，如图2-10所示。

图2-8　拆装实验菜单栏

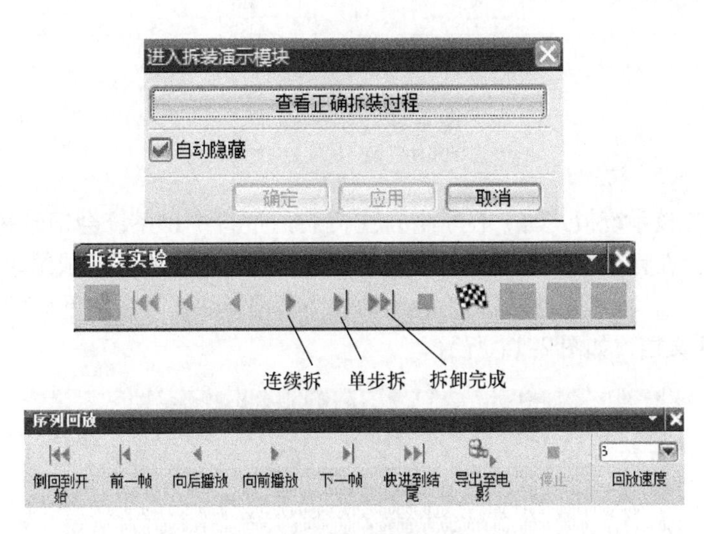

图2-9　拆装演示播放条

图2-10　拆装演示过程

2.3.4 模具自主拆装实验

学生在自主学习观看了模具拆装演示视频后，就可以亲自动手进行自主虚拟拆装实验了。自主虚拟拆装实验包括自主装配和自主拆卸两部分，在自主拆装过程中还可以通过“返回装配状态”功能中途退出，如图 2-8 所示。

在学生自主拆装练习的过程中，如果拆装步骤和所选取的拆装工具不正确，系统会出现错误提示框，如图 2-11 所示。学生可以通过选择“查看正确答案”或是“重试”进行后续的操作。

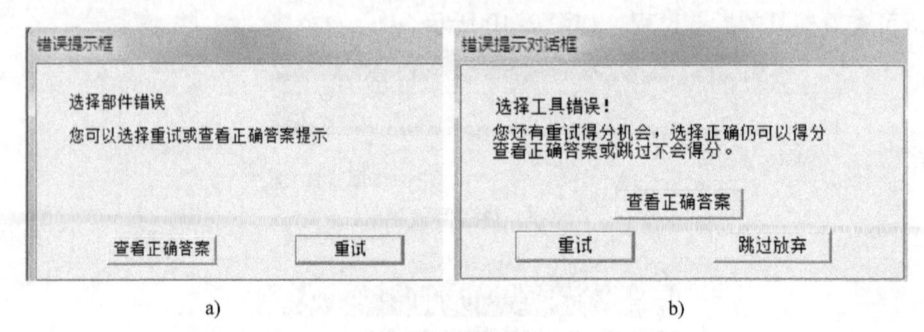

图 2-11　错误提示框

a）选择部件错误　b）选择工具错误

当教师开启考核系统模式时，在学生自主拆装的过程中，系统会记录每一操作的正误，在考核结束时，会在计算机桌面上自动生成一份成绩单。学生打开该成绩单之后看到的是乱码，如图 2-12 所示。教师通过图 2-13 所示的成绩考出模块，可以将乱码的 .txt 文档转换成不是乱码的 excel 文档，如图 2-14 所示。

图 2-12　自动生成成绩单

2.3.5 运动仿真

“运动仿真”功能可演示模具在工作中的运动状况，同时可查看产品的形成过程。其具

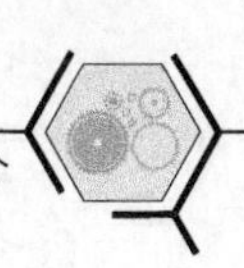

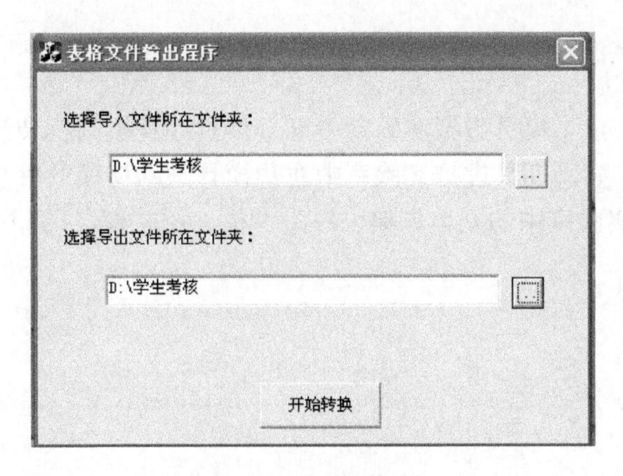

图 2-13 考出模块

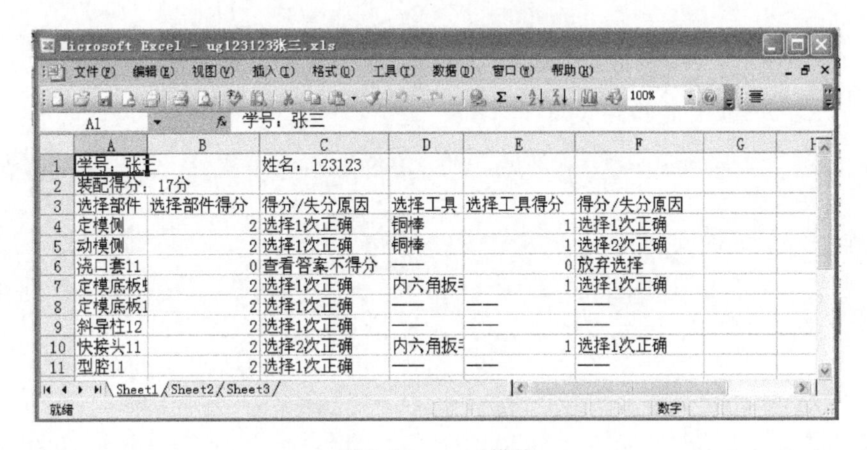

	A	B	C	D	E	F
1	学号：张三		姓名：123123			
2	装配得分：17分					
3	选择部件	选择部件得分	得分/失分原因	选择工具	选择工具得分	得分/失分原因
4	定模侧	2	选择1次正确	铜棒	1	选择1次正确
5	动模侧	2	选择1次正确	铜棒	1	选择2次正确
6	浇口套11	0	查看答案不得分	——	0	放弃选择
7	定模底板	2	选择1次正确	内六角扳	1	选择1次正确
8	定模底板1	2	选择1次正确	——	——	——
9	斜导柱12	2	选择1次正确	——	——	——
10	快接头11	2	选择2次正确	内六角扳	1	选择1次正确
11	型腔11	2	选择1次正确	——	——	——

图 2-14 excel 模块

体操作方法如下：

1）单击“运动仿真”按钮，系统将弹出图 2-15 所示的播放条。

图 2-15 运动仿真播放条

2）单击“仿真开始”“单步仿真”“单步回退”“暂停”“停止”等按钮即可查看产品成形的整个运动仿真过程。

本项目小结

通过对润品科技模具虚拟实验室软件安装及其优势、功能等方面的简单介绍，让读者对该软件有了初步的认识，为后续学习的展开打下良好的铺垫。

实训与练习

1. 打开 UG 软件，熟悉模具虚拟实验室中五金模具冲孔模的拆装演示视频。
2. 打开 UG 软件，熟悉模具虚拟实验室中注塑模具细水口模的拆装演示视频。
3. 打开模具虚拟实验室中的立体词典，熟悉冲模、塑料模具的相关知识。

项目3

典型五金模具虚拟拆装实例

项目目标

通过本项目的学习和操作练习，能掌握并熟知典型五金模具的结构特点，合理选择拆装工具，正确模拟五金模具的拆装过程，为后续的实物拆装操作打下坚实的基础。

项目引入

为了能正确并熟练地进行五金模具的拆装工作，在进行实物模具拆装之前，借助模具虚拟实验室软件平台操作，了解典型五金模具的运动机理，进一步熟悉典型五金模具的结构，掌握正确的五金模具拆装步骤。

项目分析与分解

本项目结合润品科技模具虚拟实验室中典型的五金模具结构，对其虚拟拆卸的步骤进行分步讲解，以帮助初学者更好地掌握操作要领。本项目主要以冲孔模、弯曲模、正装复合模、拉深模和多工位级进模为例进行分析。

3.1　冲孔模的虚拟拆卸

3.2　弯曲模的虚拟拆卸

3.3　正装复合模的虚拟拆卸

3.4　拉深模的虚拟拆卸

3.5　多工位级进模的虚拟拆卸

相关知识

在进行模具拆装之前，需要对模具拆装必备的一些操作技能知识有所认知，在项目 1 中已有所讲述。同时，对虚拟实验室也需要有简单的认知。在学习本项目前，可以再重温一下之前的相关内容。

项目实施

3.1 冲孔模的虚拟拆卸

3.1.1 冲孔模的结构认知

图3-1所示为某冲压件的冲孔模三维结构图，其功能是在平板类毛坯上冲压出四个直径为5mm的孔。由于此模具可直接与冷冲拉伸成型机相配套，因此，在模具结构上做了适当的简化，减少了模柄对应的安装位置，改成了使用码模槽进行安装固定的方式。该模架为标准四导柱模架。上模部分的弹性卸料装置由弹性卸料板、四枚弹簧和四根等高限位螺钉组成。四个冲孔凸模与凸模固定板间采用轻微过盈配合。下模部分凹模与固定板采用镶嵌式结构，通过定位销固定，其中毛坯由四根导料销进行导正。

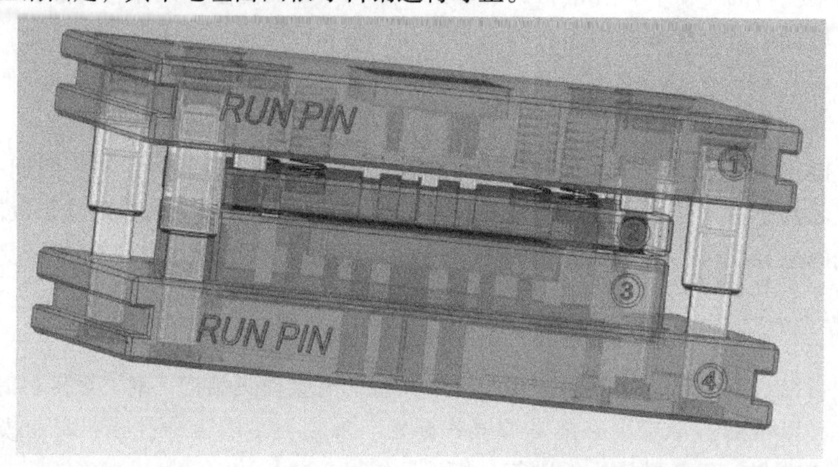

a)

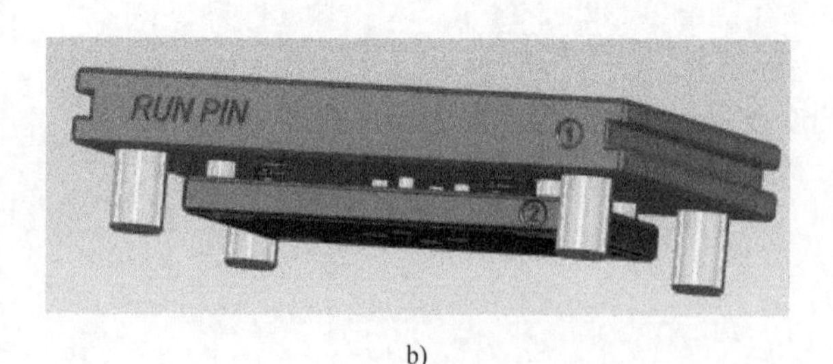

b)

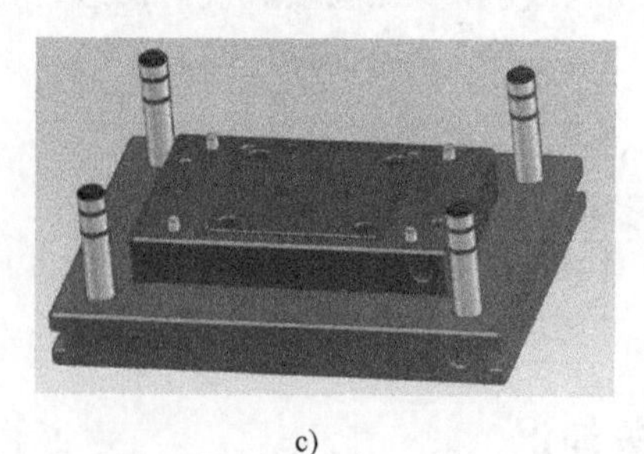

c)

图3-1 冲孔模三维结构图

a）合模状态 b）上模部分 c）下模部分

（1）冲孔模的主要零部件认知 上模部分（表3-1）主要包括：上模座（属于支承及固定零件）、冲孔凸模组件［凸模固定板、冲孔凸模（属于工作零件）、内六角圆柱头螺钉］、卸料装置（卸料板、卸料弹簧、卸料螺钉）及其紧固螺钉。下模部分（表3-2）主要包括：下模座（属于支承及固定零件）、导柱、冲孔凹模组件［凹模固定板、凹模（属于工作零件）、导料销（定位零件）］、导套（表3-1）、定位销（下模座与凹模固定板的连接零

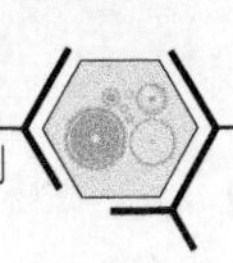

件）及其紧固螺钉。

表 3-1 冲孔模上模部分主要零部件明细

序号	零件名称	3D 图	功用	备注
1	上模座 + 导套		与冲压机运动部分固定	侧面开设码模槽
2	冲孔凸模组件		四个冲孔凸模固定在凸模固定板上	组件
		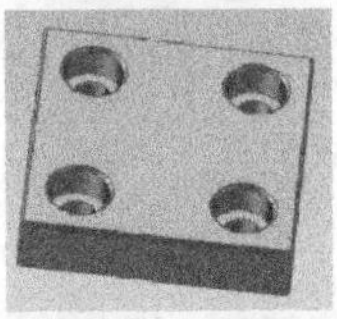	固定冲孔凸模	凸模固定板
		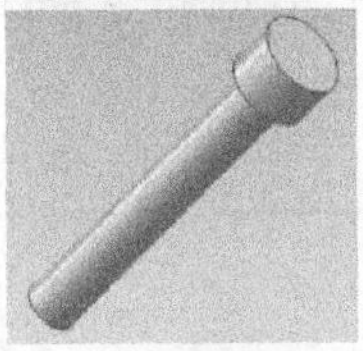	冲孔	冲孔凸模
			联接上模座与凸模固定板	内六角圆柱头螺钉
3	弹性卸料装置		卸下冲孔凸模上的料	组件
		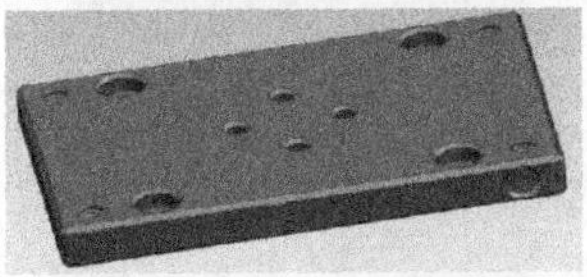	卸料	弹性卸料板
		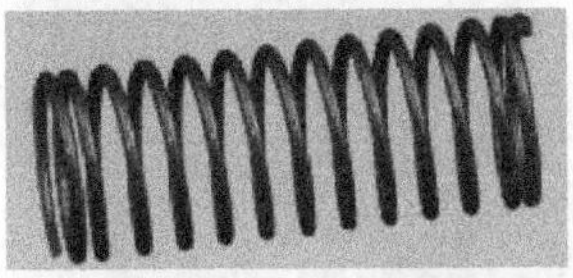	弹性元件	卸料弹簧
		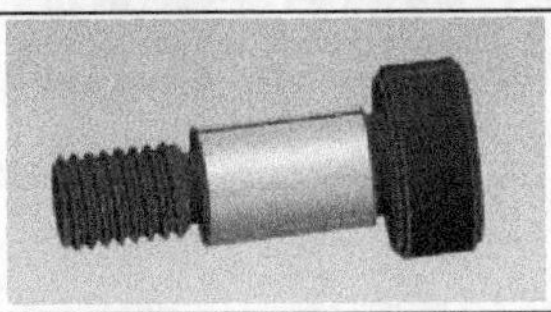	联接弹性卸料板	卸料螺钉

表 3-2　冲孔模下模部分主要零部件明细

<table>
<tr><th>序号</th><th>零件名称</th><th>3D 图</th><th>功用</th><th>备注</th></tr>
<tr><td>1</td><td>下模座 + 导柱</td><td>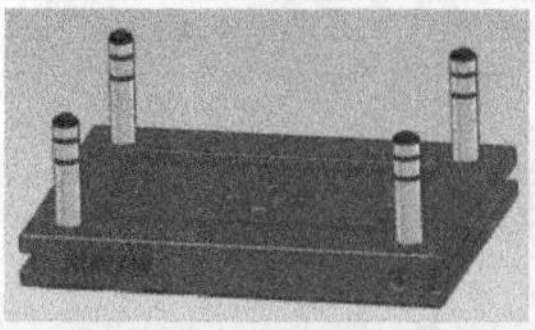</td><td>与冲压机工作台面固定</td><td>侧面开设码模槽</td></tr>
<tr><td>2</td><td>凹模紧固螺钉</td><td>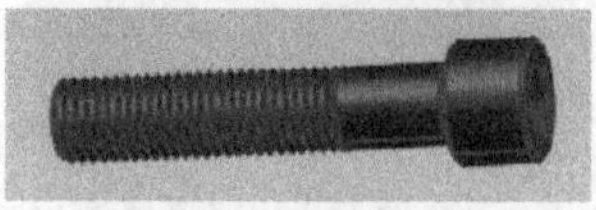</td><td>联接下模座与凹模固定板</td><td rowspan="2">两个螺钉 + 两个销钉联接凹模固定板和下模座</td></tr>
<tr><td>3</td><td>定位销</td><td></td><td>联接下模座与凹模固定板</td></tr>
<tr><td rowspan="5">4</td><td rowspan="5">冲孔凹模组件</td><td>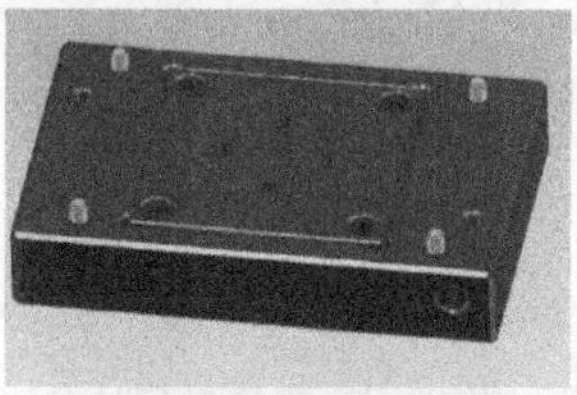</td><td>冲孔凹模镶嵌在凹模固定板上</td><td>组件</td></tr>
<tr><td>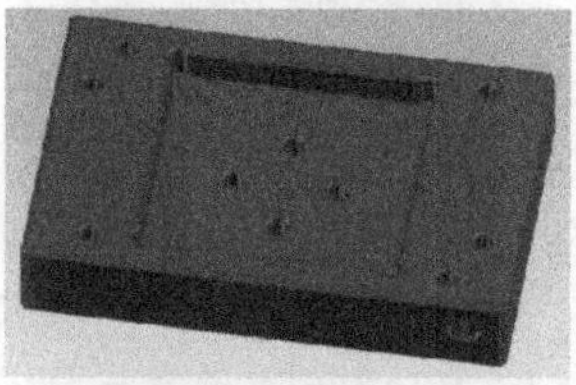</td><td>固定冲孔凹模</td><td>凹模固定板</td></tr>
<tr><td></td><td></td><td>冲孔凹模</td></tr>
<tr><td>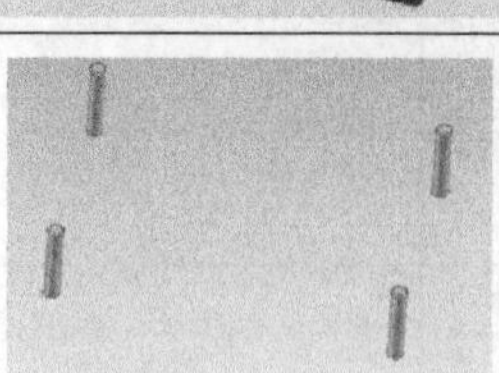</td><td>导正板料</td><td>导料销</td></tr>
<tr><td>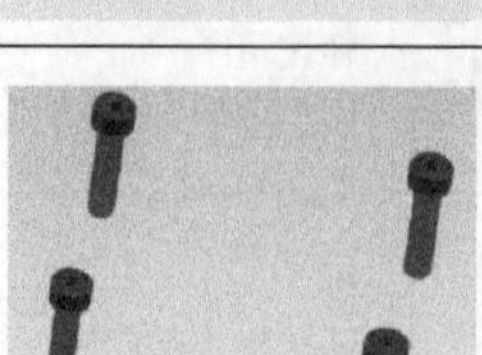</td><td>用于凹模与凹模固定板的联接</td><td>内六角圆柱头螺钉</td></tr>
</table>

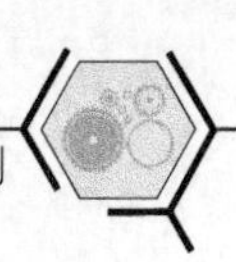

（2）冲孔模虚拟拆装工具介绍　通过对该冲孔模结构的初步认知，可知该模具结构比较简单，主要包括板、螺钉、销钉、弹簧等零件。因此，所用到的拆装工具不是很多。图3-2所示为虚拟实验室所提供的常用的拆装工具，有内六角扳手、套筒、铜棒、大力钳、活扳手、通用扳手、螺钉旋具、铜锤、铝棒、撬棒、钢丝绳、起重机及钳子。这些拆装工具在使用中需要注意的事项在项目1中已有所讲解，在此不再详述。

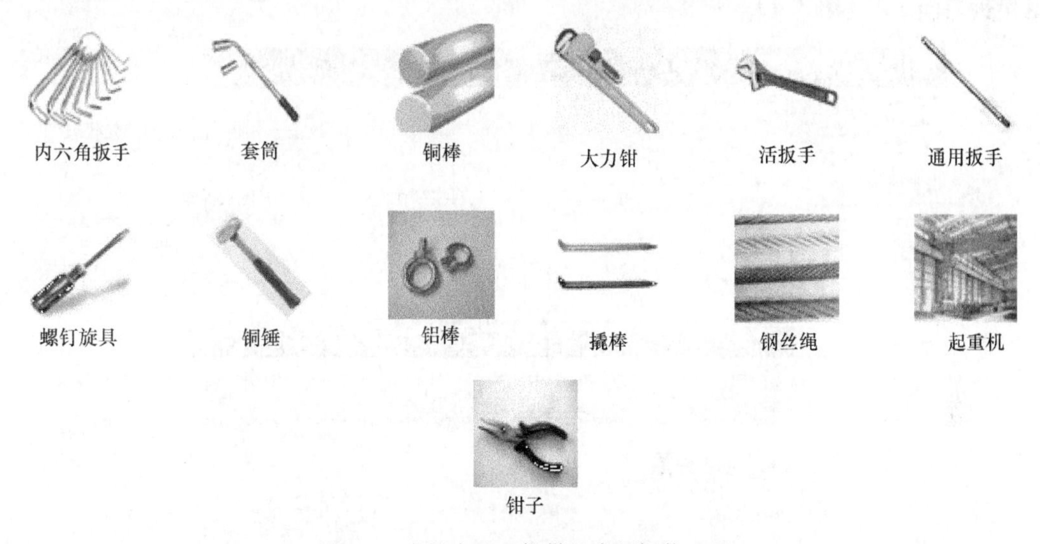

图3-2　虚拟实验室提供的常用拆装工具

（3）冲孔模虚拟拆卸流程简介　接下来借助润品模具虚拟实验室平台，介绍该冲孔模（001）虚拟拆卸的全流程。由于模具的拆装过程是互逆的，此处主要介绍模具拆卸的全流程，装配过程就是拆卸顺序的倒置。

1）打开UG软件，单击“模具虚拟实验室”→选择五金模→001冲孔模，将冲孔模装配件加载到工作界面，如图3-3所示。

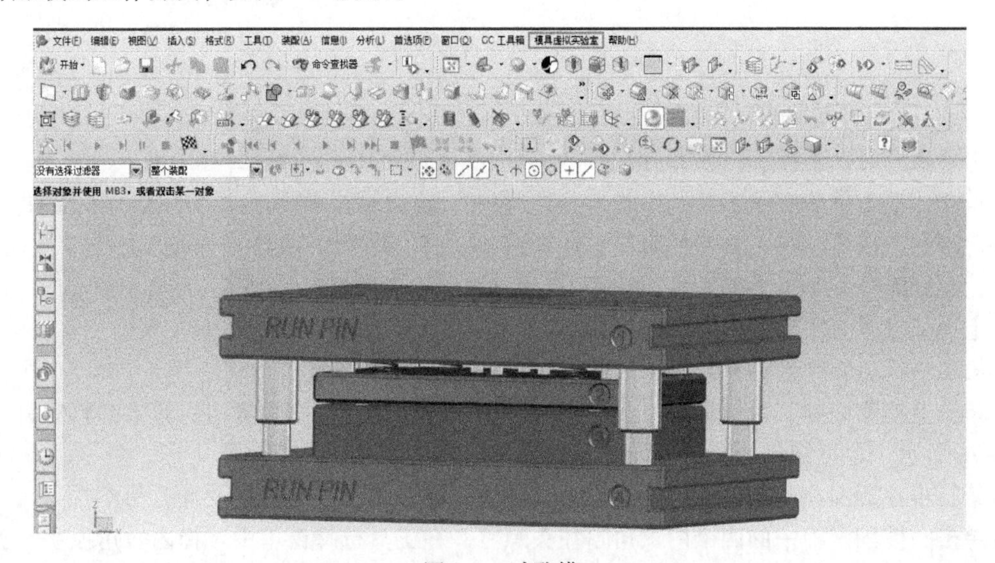

图3-3　冲孔模

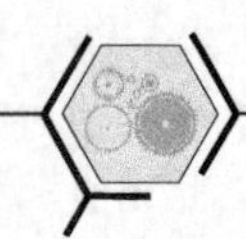

为了能正确、顺利地完成虚拟拆卸的全过程，首先通过观看拆装实验演示中的拆装视频，对整个冲孔模拆卸过程有个感性的认识。具体操作为：单击拆装实验工具条中的“进入拆装演示”，单击“查看正确拆装过程”按钮即可。

在观看拆装视频时，可以单击“连续拆”，连贯地观看完整个拆装过程；也可以单击“单步拆”，一帧一帧观看拆装过程。如果想退出拆装演示，直接进入虚拟拆装界面，单击“退出拆装演示”（图3-4）。

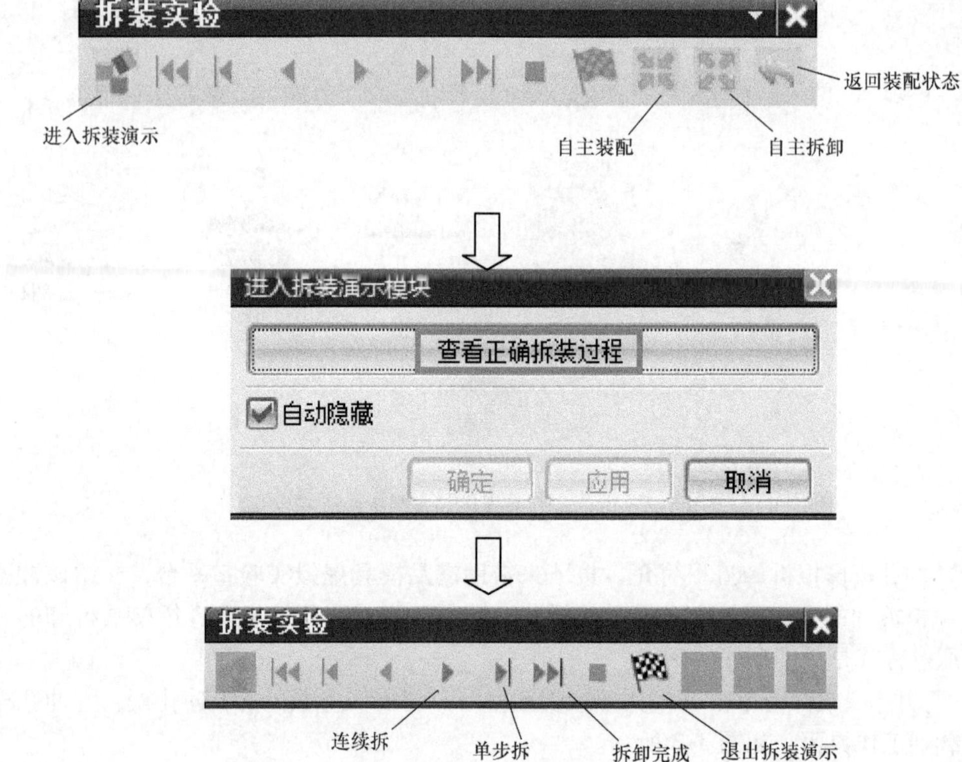

图3-4　进入拆装演示

2）冲孔模详细拆卸流程简介。

第一步：分开上模、下模部分。

首先，单击拆装实验工具条中的“自主拆卸”按钮，则进入了自主拆卸的界面，如图3-5所示。接着，在工具选择窗口中选择铜棒，将上模和下模部分分开，如图3-6所示。注意：此处需分别单击上模座和下模座。

上模部分主要零部件的拆卸流程如下。

第二步：拆卸弹性卸料装置中的卸料螺钉、卸料板和弹簧。

单击上模座中的四个卸料螺钉，在工具选择窗口中选择内六角扳手，卸下卸料螺钉，如图3-7a所示。取下卸料板及四个弹簧，如图3-7b所示。

第三步：拆卸冲孔凸模组件中的内六角圆柱头螺钉、凸模固定板及冲孔凸模。

单击凸模固定板中的四个内六角圆柱头螺钉，在工具选择窗口中选择内六角扳手，拆下内六角圆柱头螺钉，并取下凸模固定板，如图3-8a所示。

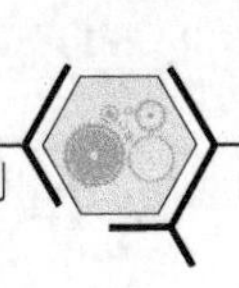

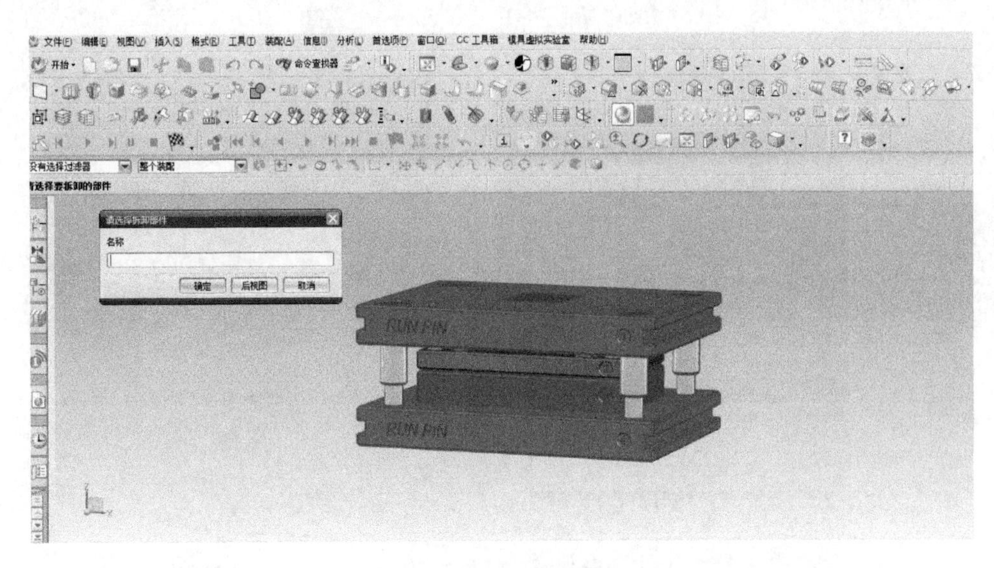

图 3-5　进入自主拆卸界面

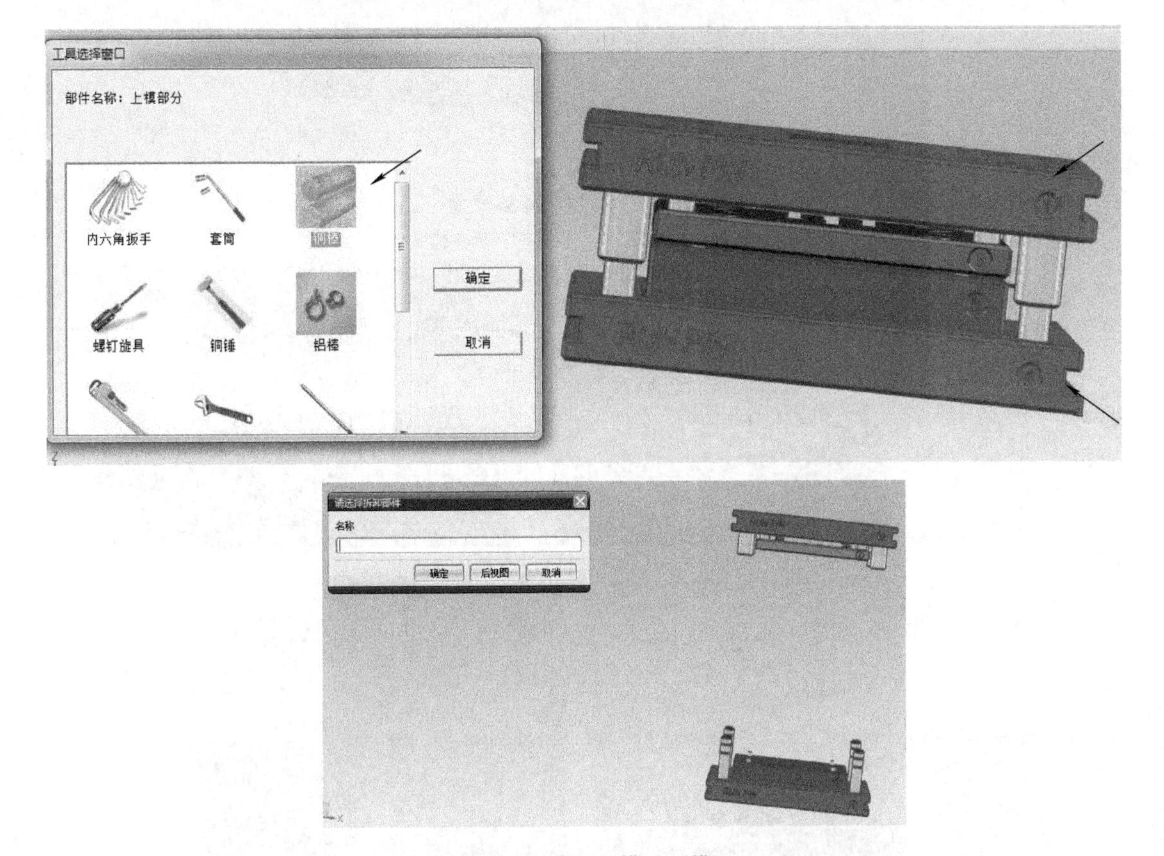

图 3-6　分开上模、下模

单击冲孔凸模，在工具选择窗口中选择铜棒，拆下冲孔凸模，如图 3-8b 所示。

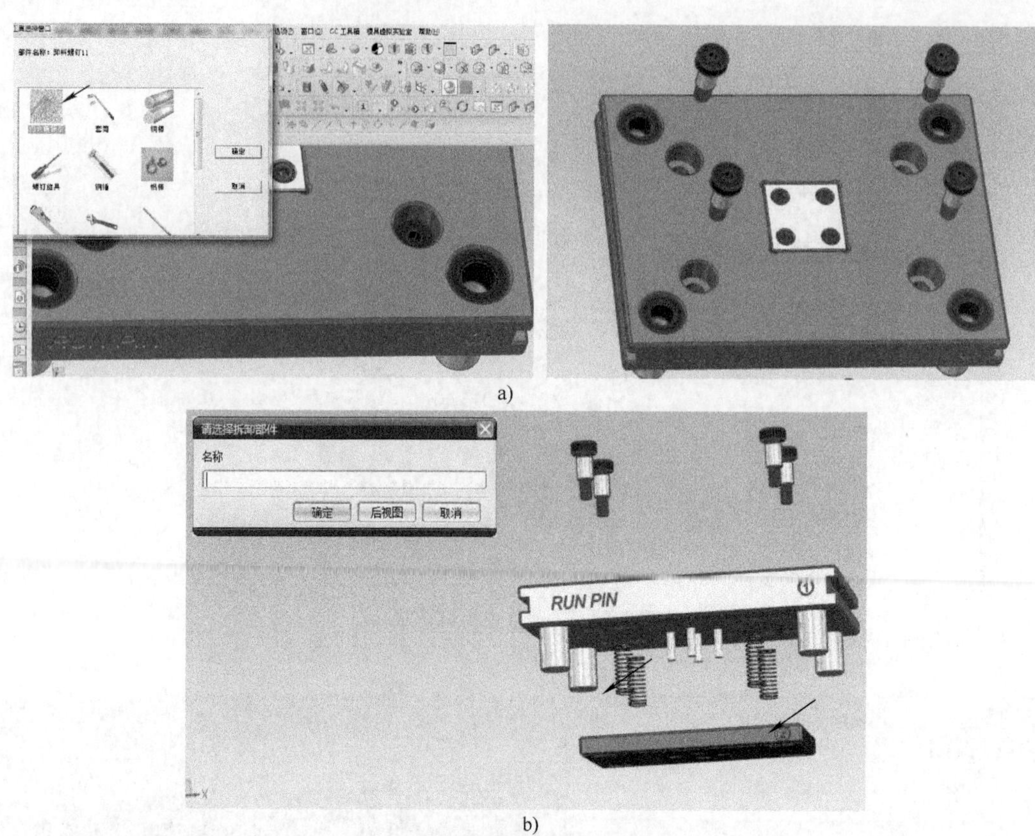

a）

b）

图 3-7　拆卸弹性卸料装置

a）拆卸料螺钉　b）取下卸料板、弹簧

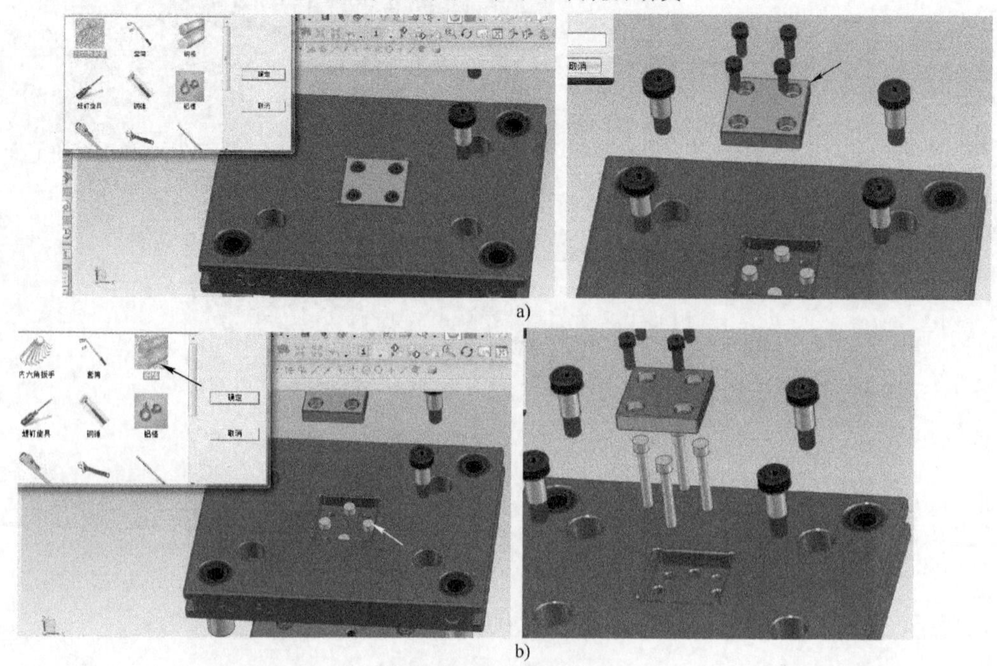

a）

b）

图 3-8　拆冲孔凸模组件

a）拆内六角圆柱头螺钉、凸模固定板　b）拆冲孔凸模

最后，移动上模座至合适位置，上模部分拆卸完毕，如图3-9所示。

下模部分主要零部件的拆卸流程如下。

第四步：拆凹模固定板螺钉、定位销，取下冲孔凹模组件。

将下模部分旋转180°后，单击下模座底部的两个凹模固定板螺钉，在工具选择窗口中选择内六角扳手，拆下凹模固定板螺钉，如图3-10a所示。

再将下模部分旋转至之前状态，单击凹模组件中的定位销，在工具选择窗口中选择铜锤+铝棒，卸下定位销，如图3-10b所示。同时，取下冲孔凹模组件，如图3-10c所示。

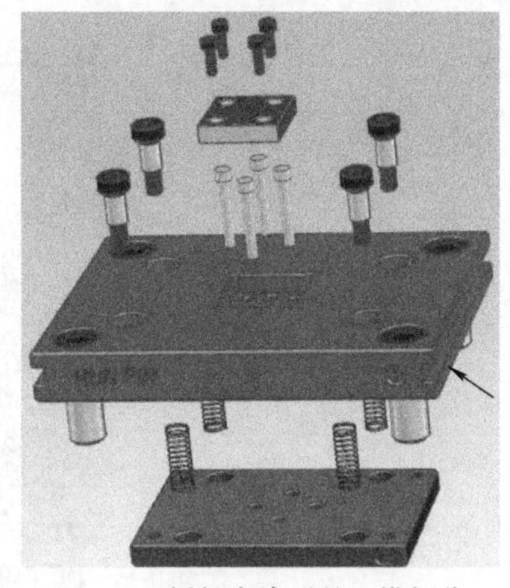

图3-9　拆卸完毕后的上模部分

第五步：拆冲孔凹模组件中的凹模、凹模固定板、螺钉及导料销。

单击凹模内的四个内六角圆柱头螺钉，在工具选择窗口中选择内六角扳手，拆下内六角圆柱头螺钉，如图3-11a所示。单击凹模固定板内的凹模，在工具选择窗口中选择铜棒，拆下冲孔凹模，如图3-11b所示。单击凹模固定板内的导料销，在工具选择窗口中选择大力钳，拆下导料销，如图3-11c所示。

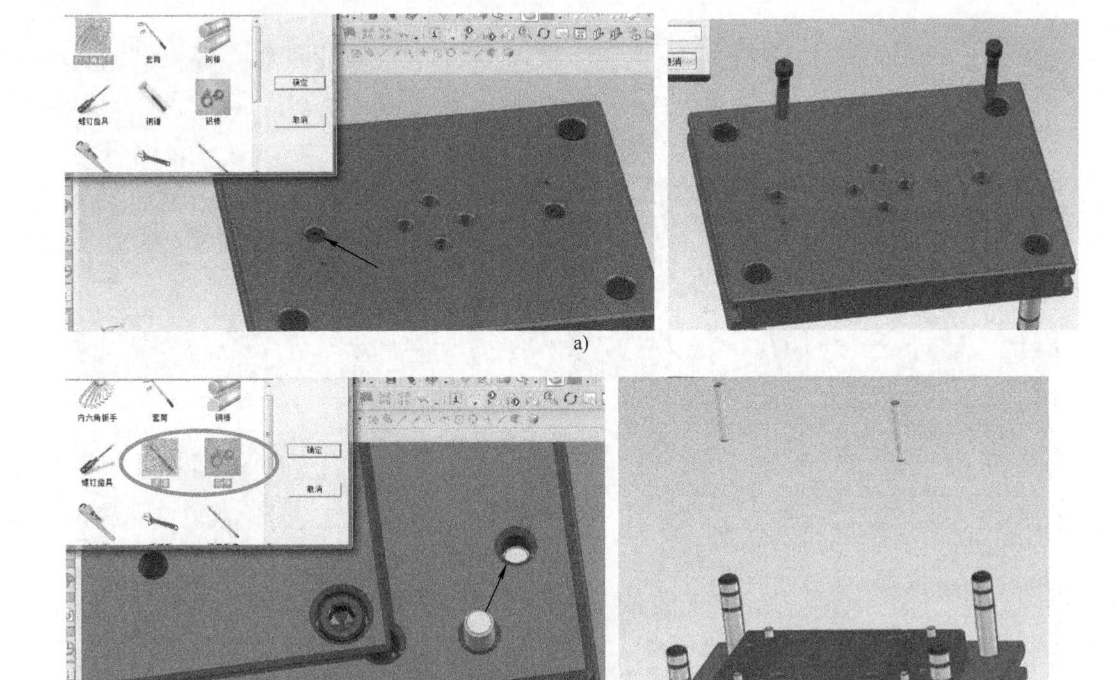

a)

b)

图3-10　拆内六角圆柱头螺钉、定位销

a）拆凹模固定板螺钉　b）拆定位销

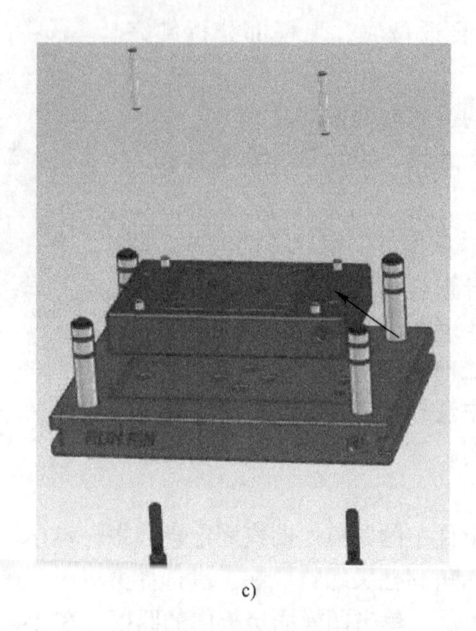

c)

图 3-10　拆内六角圆柱头螺钉、定位销（续）

c）取下冲孔凹模组件

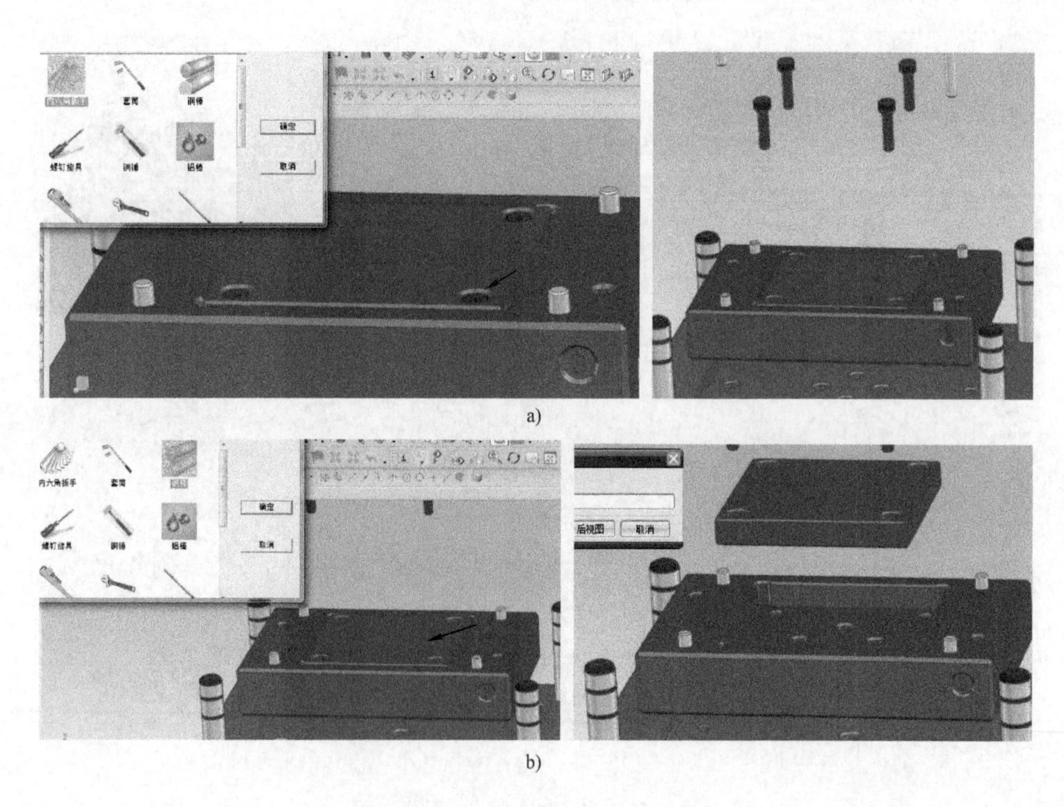

a)

b)

图 3-11　拆冲孔凹模组件

a）拆凹模固定螺钉　b）拆冲孔凹模

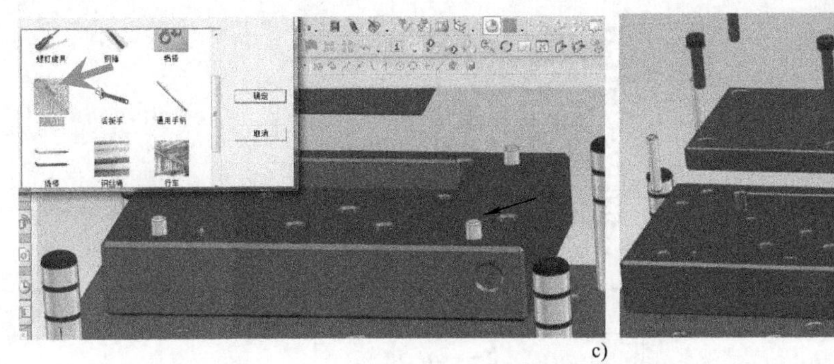

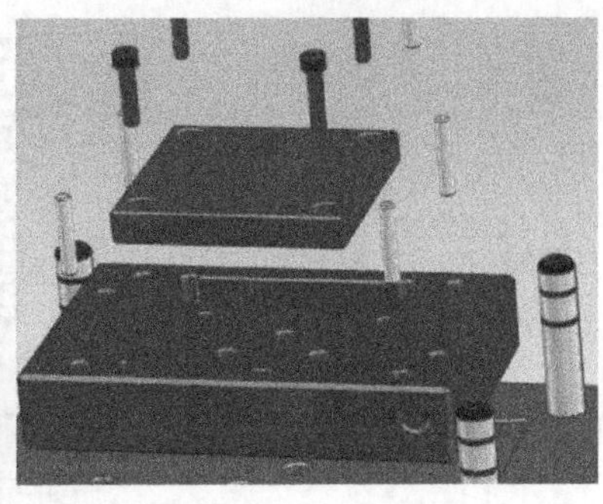

c)

图 3-11 拆冲孔凹模组件（续）

c）拆导料销

最后，移动凹模、凹模固定板及下模座至合适的位置，下模部分拆卸完毕，如图 3-12 所示。

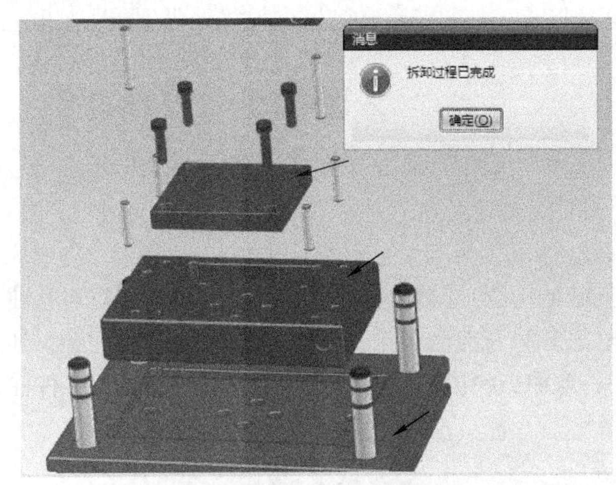

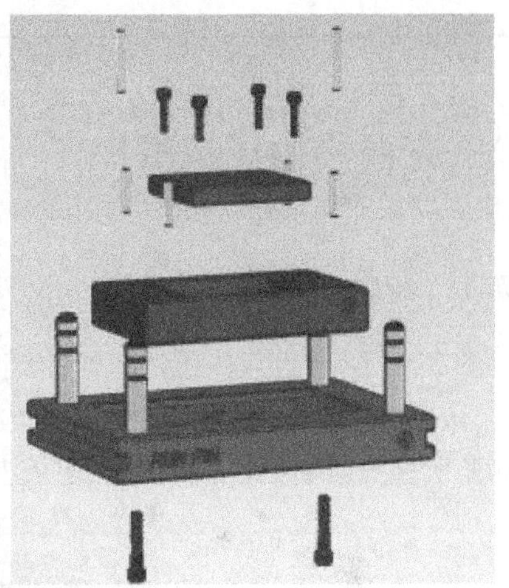

图 3-12 下模部分拆卸完毕

上模、下模拆卸完毕的状态如图 3-13 所示。

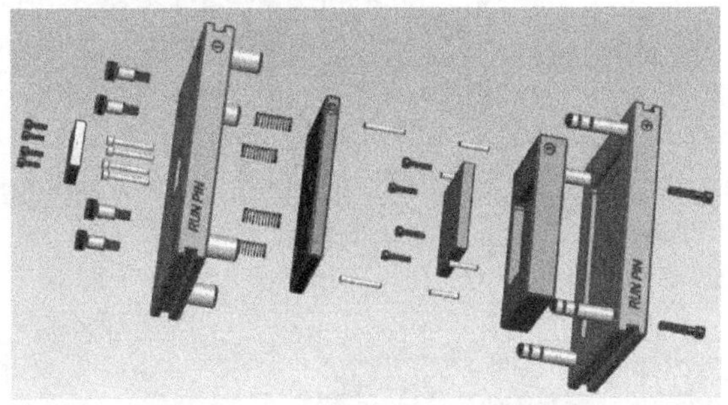

图 3-13 冲孔模拆卸完毕的状态

3.1.2 冲孔模虚拟拆卸及装配训练

在了解了上述冲孔模的拆卸步骤后，可以结合视频自己动手练习。为了能熟练掌握冲孔模的拆卸、装配步骤，请至少练习三次，并将拆装过程中遇到的问题，记录在表 3-3 中。在实际学习操作过程中，如遇到问题，可扫描下面的二维码，参考冲孔模虚拟拆卸视频进行学习操作。

表 3-3 冲孔模虚拟拆装记录

姓 名	练习次数	模具类型	遇到的问题	总时间	备 注

3.2 弯曲模的虚拟拆卸

3.2.1 弯曲模的结构认知

图 3-14 所示为某冲压件的弯曲模三维结构图。其功能是将十字形毛坯件两对边弯曲至 90°。该弯曲模为标准四导柱模架，上模部分的弯曲凸模采用槽式台阶轻微过盈配合，通过内六角圆柱头螺钉固定在凸模固定板上，弯曲凸模内部设有弹性推料装置（弹簧及推件柱）。

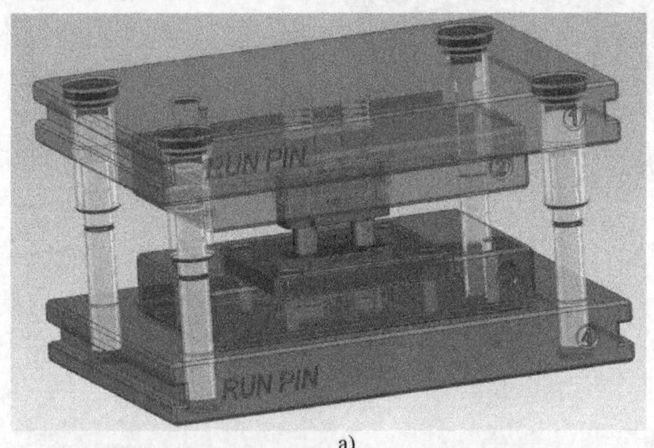

a)

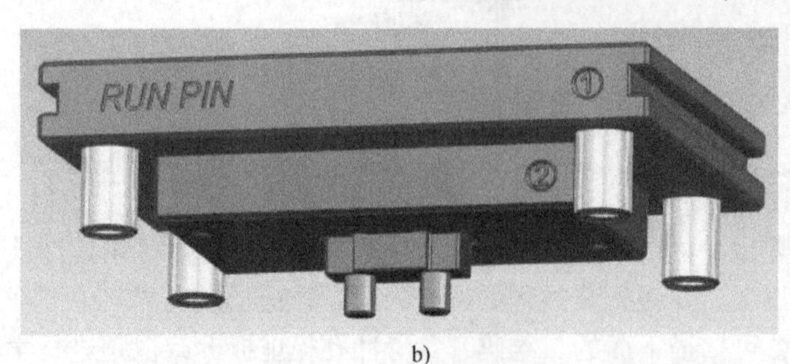

b)

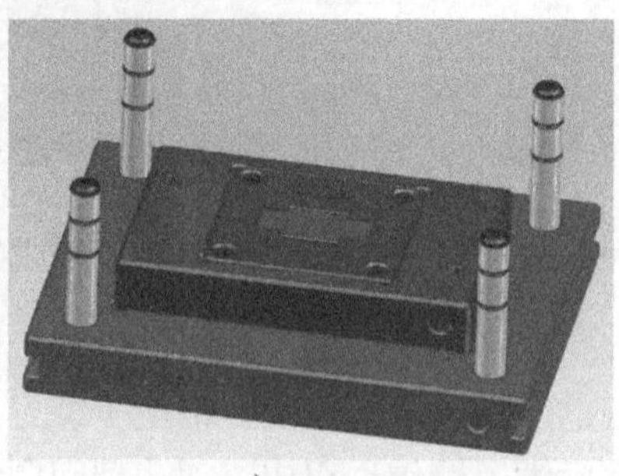

c)

图 3-14 弯曲模三维结构图

a）合模状态 b）上模部分 c）下模部分

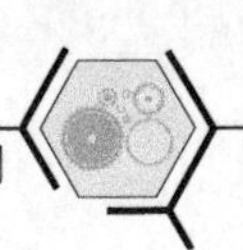

下模部分的弯曲凹模镶嵌于凹模固定板内，凹模内部设有弹压式顶件装置（顶件块及弹簧），凹模底部的限位销用于安装紧固螺钉之前，定位凹模固定板。

（1）弯曲模的主要零部件认知 上模部分（表3-4）主要包括：上模座（属于支承及固定零件）导套、凸模固定板、弯曲凸模（属于工作零件）、弹性推料装置（推件柱、弹簧）及其螺钉、定位销。下模部分（表3-5）主要包括：下模座（属于支承及固定零件）、导柱、弯曲凹模组件［凹模固定板、弯曲凹模（属于工作零件）、限位销、内六角圆柱头螺钉］、弹压式顶件装置（顶件块、弹簧）、导套（表3-4）、定位销、螺钉。

表3-4 弯曲模上模部分主要零部件明细

序号	零件名称	3D图	功 用	备 注
1	上模座+导套		与冲压机运动部分固定	侧面开设码模槽
2	凸模固定板联接螺钉		联接上模座与凸模固定板	
3	凸模固定板的定位销		联接上模座与凸模固定板	
4	凸模固定板		用于放置凸模	一般采用组合式，方便更换
5	弯曲凸模及弹性推料装置		弯曲凸模内部设有弹性推料装置	组件
			与凹模相互配合，形成所需产品的形状	弯曲凸模
			提供弹力给推件柱	推料弹簧
			把产品从凸模中推下	推件柱
			联接凸模和凸模固定板	凸模紧固螺钉

表 3-5　弯曲模下模部分主要零部件明细

序号	零件名称	3D 图	功　用	备　注
1	下模座 + 导柱		固定在冲压机工作台面上	侧面开设码模槽
2	定位销		联接固定凹模固定板与下模座	
3	内六角圆柱头螺钉		联接固定凹模固定板与下模座	
4	弹压式顶件装置		凹模组件内设弹性顶件装置	组件
			将产品从凹模顶出	顶件块
			提供弹力给顶件块	弹簧
5	弯曲凹模组件			组件
			与凸模相互配合，形成所需产品的形状	弯曲凹模
		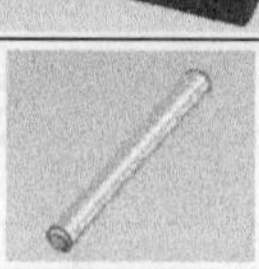	安装螺钉之前，对凹模固定板进行定位	限位销
		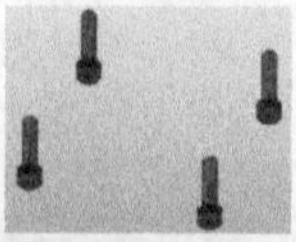	联接凹模与凹模固定板	内六角圆柱头螺钉
			用于放置凹模	凹模固定板

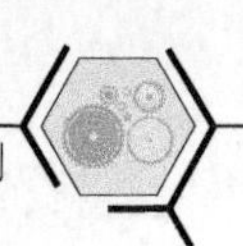

（2）弯曲模详细拆卸流程简介

第一步：分开上模、下模部分。

首先，单击拆装实验工具条中的“自主拆卸”按钮，进入自主拆卸的界面。接着，在工具选择窗口中选择铜棒，将上模部分和下模部分分开，如图3-15所示。注意：此处需分别单击上模座和下模座。

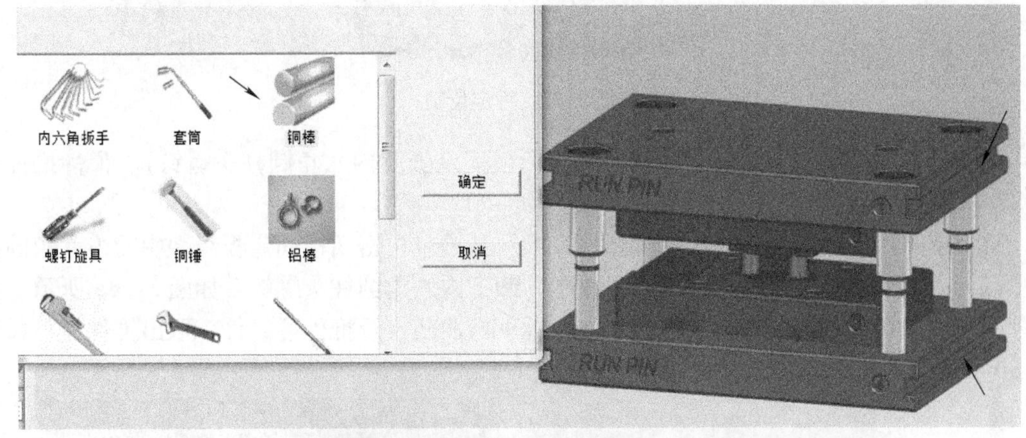

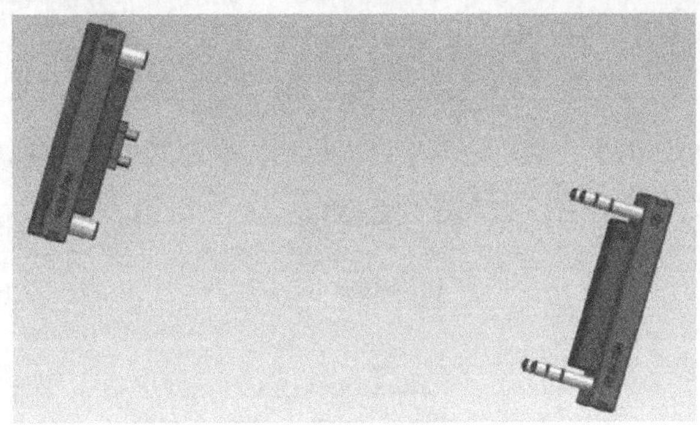

图3-15　分开上、下模

上模部分主要零部件的拆卸流程如下。

第二步：拆卸上模座的紧固螺钉、销钉。

单击上模座内两个内六角圆柱头螺钉，在工具选择窗口中选择内六角扳手，卸下螺钉，如图3-16所示。单击上模座内两个定位销，在工具选择窗口中选择铜锤和铝棒，拆下定位销，如图3-17所示。

图3-16　拆内六角圆柱头螺钉

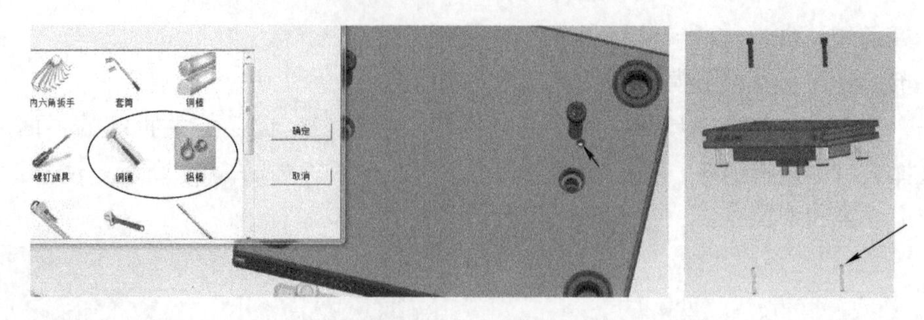

图 3-17　拆定位销

第三步：拆卸凸模固定板组件（凸模、凸模固定板及内六角圆柱头螺钉）、弹性推件装置（弹簧、推件柱）。

从上模座内取出凸模固定板及其组件、推料弹簧。单击凸模固定板组件中的内六角圆柱头螺钉，在工具选择窗口中选择内六角扳手，卸下内六角圆柱头螺钉，如图 3-18a 所示。单击弯曲凸模，在工具选择窗口中选择铜棒，拆下弯曲凸模及推件柱组件，取出推件柱，如图 3-18b 所示。

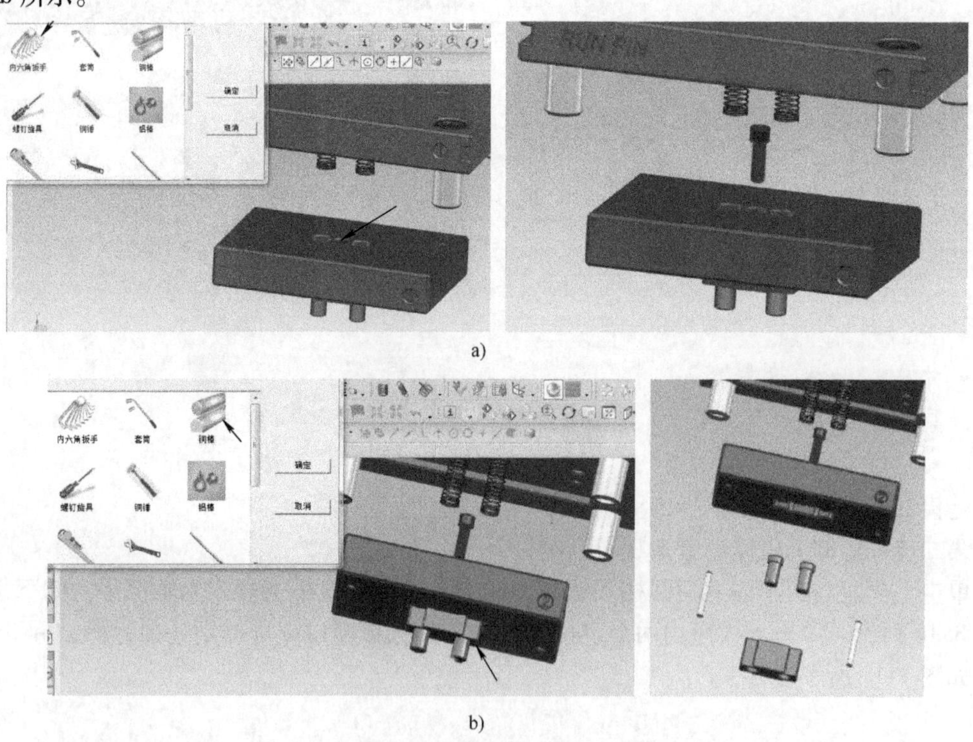

a)

b)

图 3-18　拆凸模固定板组件及弹性推件装置
a）拆内六角圆柱头螺钉　b）拆弯曲凸模、推件柱

接着，将上模座、凸模固定板和弯曲凸模移动至合适的位置，上模部分拆卸完毕，如图 3-19 所示。

下模部分主要零部件的拆卸流程如下。

第四步：拆下模座内的内六角圆柱头螺钉、定位销。

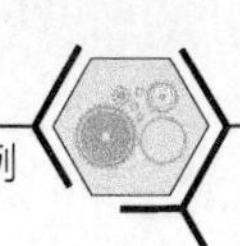

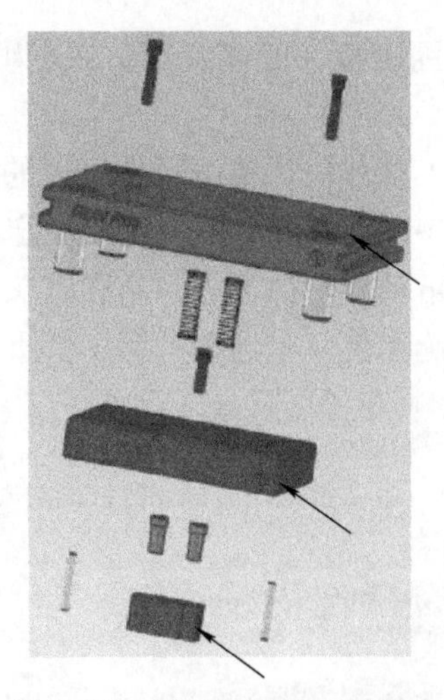

图 3-19　拆卸完毕的上模部分

单击下模座内的两个内六角圆柱头螺钉，在工具选择窗口中选择内六角扳手，卸下内六角圆柱头螺钉，如图 3-20a 所示。单击下模座内的两个定位销，在工具选择窗口中选择铜锤和铝棒，拆下定位销，如图 3-20b 所示。

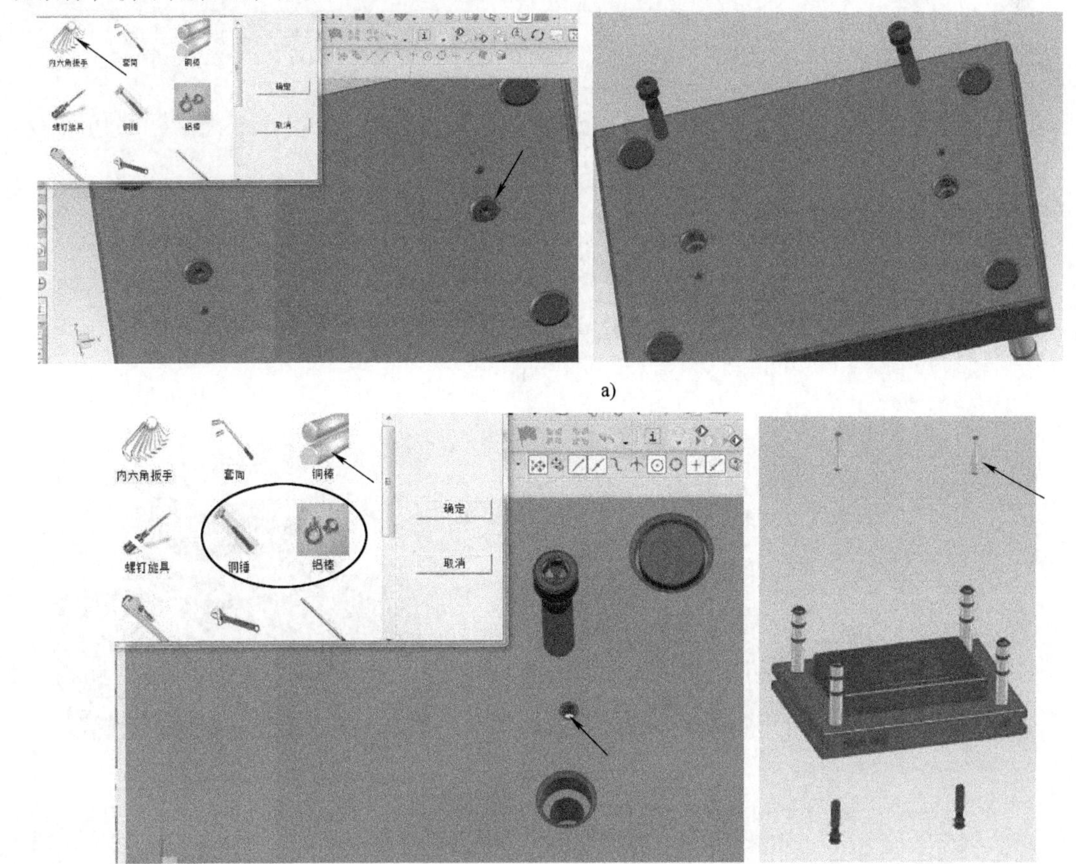

a)

b)

图 3-20　拆下模座内的内六角圆柱头螺钉、定位销

a）拆内六角圆柱头螺钉　b）拆定位销

第五步：拆凹模组件（凹模固定板、凹模及螺钉）、弹压式顶件装置（顶件块、弹簧、限位销）。

取出凹模固定板组件、弹簧、顶件块。单击顶件块内的限位销，在工具选择窗口中选择铜锤和铝棒，拆下限位销，如图 3-21a 所示。单击凹模固定板组件内的四个内六角圆柱头螺钉，在工具选择窗口中选择内六角扳手，拆下内六角圆柱头螺钉，如图 3-21b 所示。单击凹模固定板内的弯曲凹模，在工具选择窗口中选择铜棒，拆下凹模，如图 3-21c 所示。

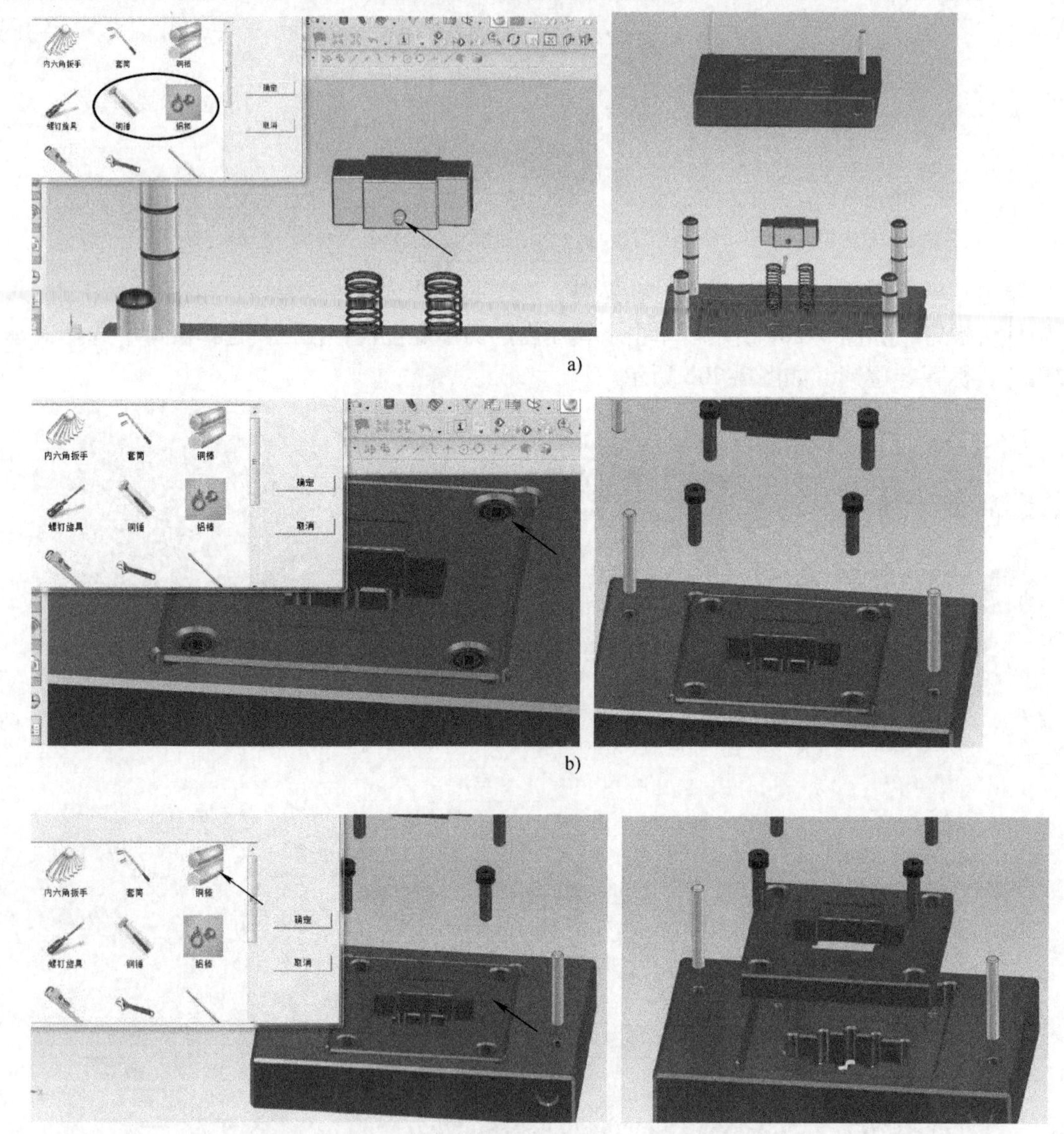

a)

b)

c)

图 3-21　拆凹模组件、弹压式顶件装置

a）拆限位销　b）拆内六角圆柱头螺钉　c）拆弯曲凹模

最后，移动凹模固定板、下模座、顶件块至合适位置，下模部分拆卸完毕，如图 3-22 所示。

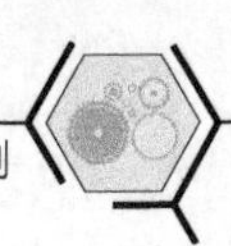

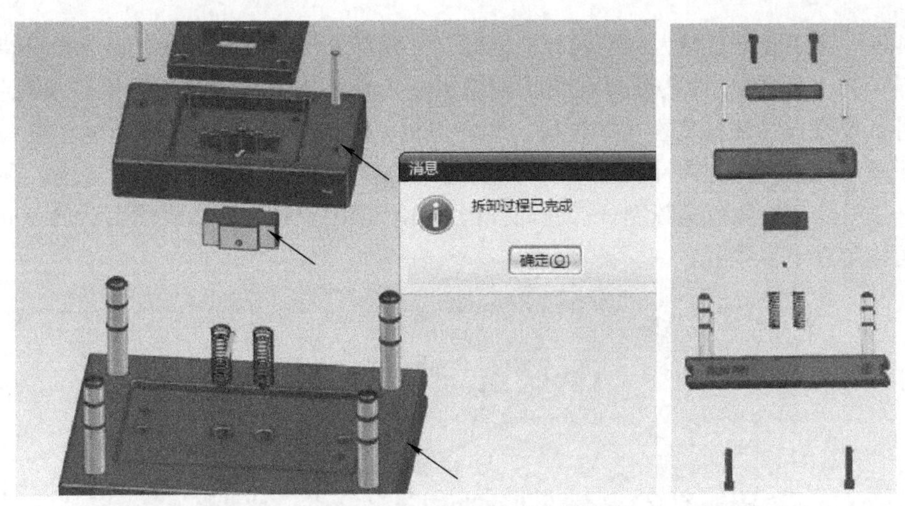

图 3-22　拆卸完毕后的下模部分

上模、下模拆卸完毕的状态如图 3-23 所示。

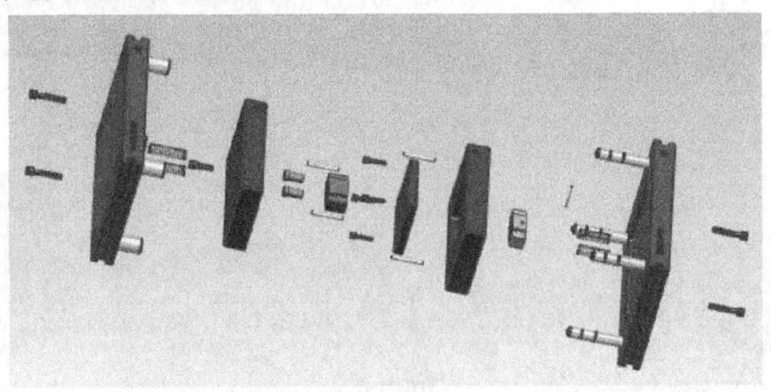

图 3-23　弯曲模拆卸完毕

3.2.2　弯曲模虚拟拆卸及装配训练

在了解了上述弯曲模的拆卸步骤后，可以结合视频自己动手练习。为了能熟练掌握弯曲模的拆卸、装配步骤，请至少练习三次，并将拆装过程中遇到的问题，记录在表（可参考表 3-3 的内容）中。在实际学习操作过程中，如遇到问题，可扫描下面的二维码，参考弯曲模虚拟拆卸视频进行学习操作。

3.3　正装复合模的虚拟拆卸

3.3.1　正装复合模的结构认知

图 3-24 所示为某冲压件的正装复合模三维结构图。其功能是成形带孔的十字形冲压件

(图3-24d)。该正装复合模为标准四导柱模架，上模部分凸凹模内部设有弹性推料装置（弹簧和卸料针），用于推出冲孔废料。凸凹模镶嵌在上模座内，通过内六角圆柱头螺钉固定。凸凹模外部设有弹性卸料装置（卸料板、卸料弹簧、卸料螺钉），用于卸下卡在落料凸模上的料。下模部分设有弹性顶件装置（顶件块、弹簧），用于顶出落料凹模内的料，顶出行程由安装在顶件块内的限位销控制。冲孔凸模固定在凸模固定板上，凸模固定板通过内六角圆柱头螺钉固定在下模座上。

a)

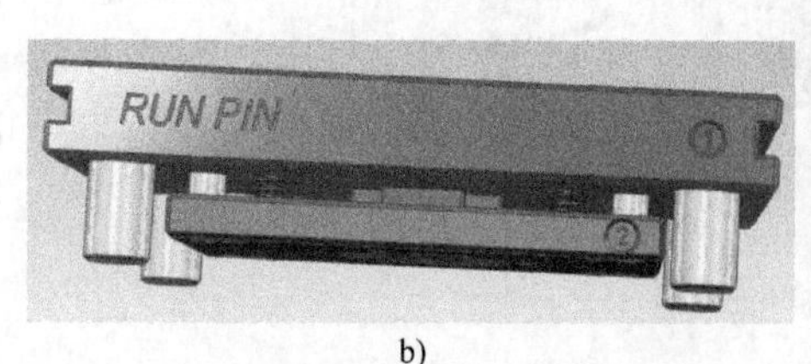

b)

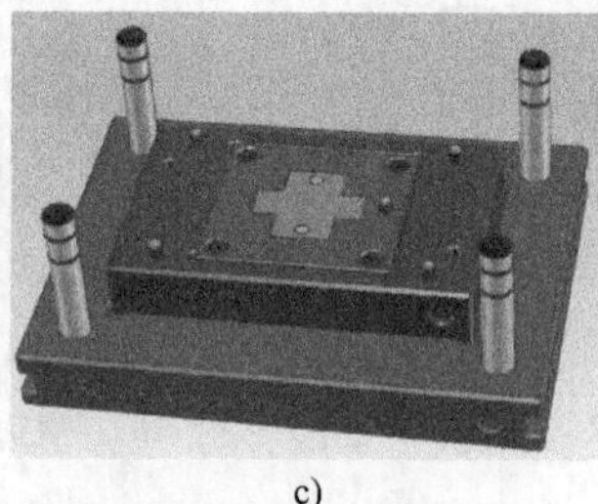
c)

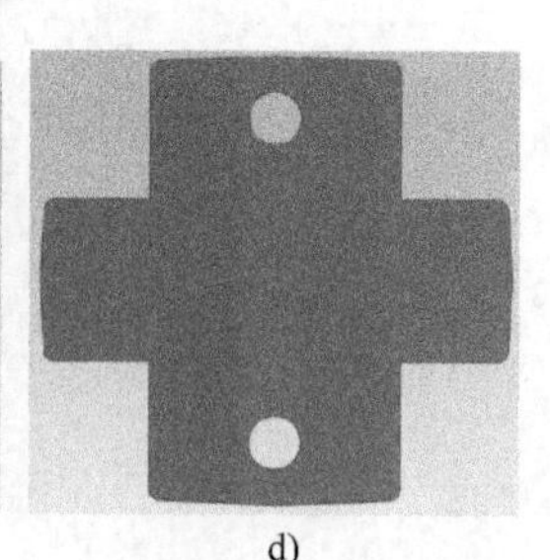
d)

图3-24　正装复合模三维结构图

a）合模状态　b）上模部分　c）下模部分　d）冲压件

(1) 正装复合模的主要零部件认知　上模部分（表3-6）主要包括：上模座（属于支承及固定零件）、导套、推件装置（弹簧、卸料针、内六角圆柱头螺钉）、凸凹模（属于工作零件）、卸料装置（卸料板、卸料弹簧、卸料螺钉）及其紧固螺钉。下模部分（表3-7）主要包括：下模座（属于支承及固定零件）、导柱、凹模固定板组件（凹模固定板、导料销）凸模固定板、冲孔凸模（属于工作零件）、落料凹模组件［落料凹模（属于工作零件）、内六角圆柱头螺钉、挡料销］顶件装置（推件块、推件弹簧和限位销）及紧固螺钉、销钉。

表3-6　正装复合模上模部分主要零部件明细

序号	零件名称	3D图	功　用	备　注
1	上模座+导套		与冲压机运动部分固定	侧面开设码模槽

（续）

序号	零件名称	3D图	功　用	备　注
2	推件装置组件	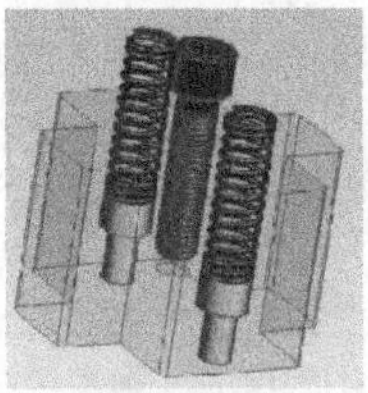	用于卸下凸凹模内的冲孔废料	组件
			将凸凹模固定在上模座内	内六角圆柱头螺钉
		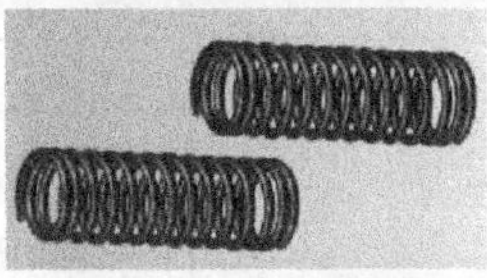	推件装置中的弹性元件，提供弹性力	弹簧
			推件装置中提供推力的零件	卸料针
3	凸凹模		兼起落料凸模、冲孔凹模的作用	冲压时，两者需承受较大的冲压力，应满足其强度和刚度的要求
4	卸料装置组件		用于卸下凸凹模外刃口上的落料	组件
			把落料件从凸凹模外刃口上卸下	卸料板
			提供弹力给卸料板	卸料弹簧
			用于联接固定卸料板	卸料螺钉

表 3-7　正装复合模下模部分主要零部件明细

序号	零件名称	3D 图	功　用	备　注
1	下模座 + 导柱	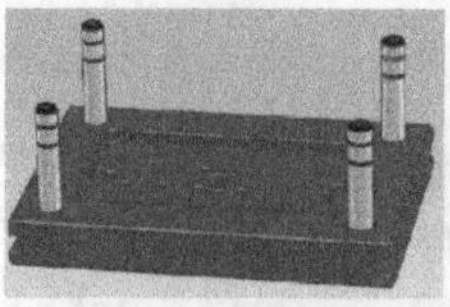	固定在冲压机工作台面上	侧面开设码模槽
2	凸模固定板（成形针垫板）		用于固定冲孔凸模	一般采用组合方式，方便更换
3	冲孔凸模	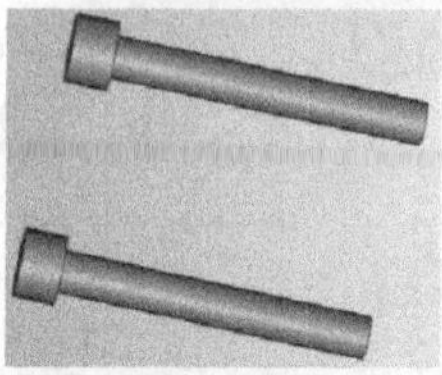	与凸凹模内刃口相互配合，形成所需产品的形状	冲压时，两者需承受较大的冲压力，应满足其强度和刚度的要求
4	顶件装置组件		用于顶出落料凹模内的料	组件
			把卡在落料凹模内的料顶出	推件块
			用于限制顶出件的顶出行程	限位销
		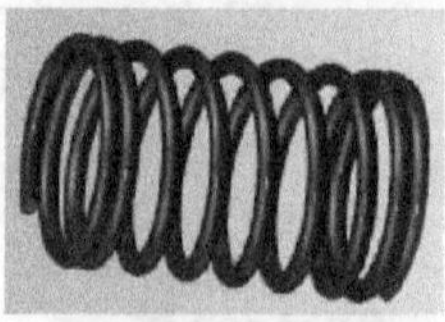	提供弹力给顶件块	推件弹簧
5	内六角圆柱头螺钉	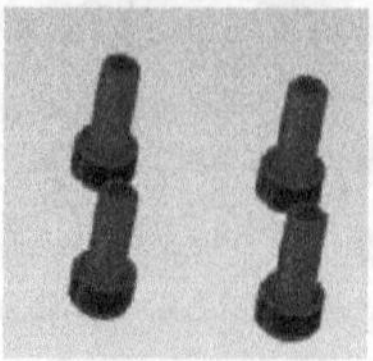	将凸模固定板固定在下模座上	

（续）

序号	零件名称	3D图	功　用	备　注
6	内六角圆柱头螺钉		将凹模固定板固定在下模座上	
7	定位销		将凹模固定板固定在下模座上	
8	落料凹模组件			组件
			与落料凸模相互配合，形成所需产品的形状	落料凹模
		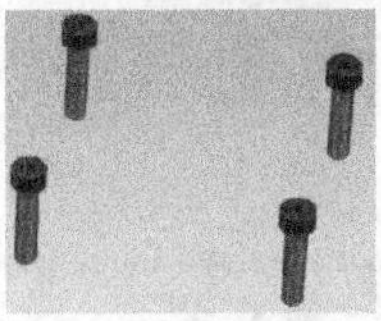	将落料凹模固定在凹模固定板内	内六角圆柱头螺钉
			送料时挡料用	挡料销
9	凹模固定板组件	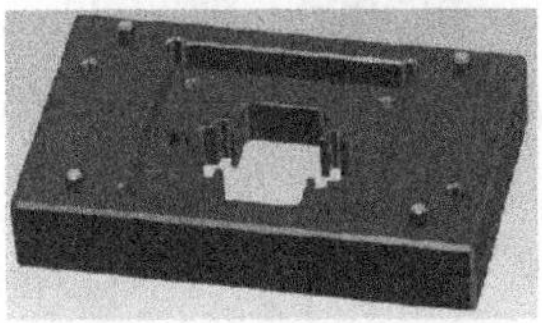		组件
			保证送料方向正确	导料销
		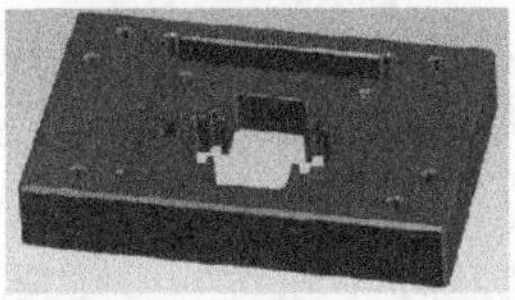	用于固定凹模	凹模固定板

（2）正装复合模详细拆卸流程简介

第一步：分开上模、下模部分。

首先，单击拆装实验工具条中的“自主拆卸”按钮，进入自主拆卸的界面。接着，在工具选择窗口中选择铜棒，将上模部分和下模部分分开，如图 3-25 所示。注意：此处需分别单击上模座和下模座。

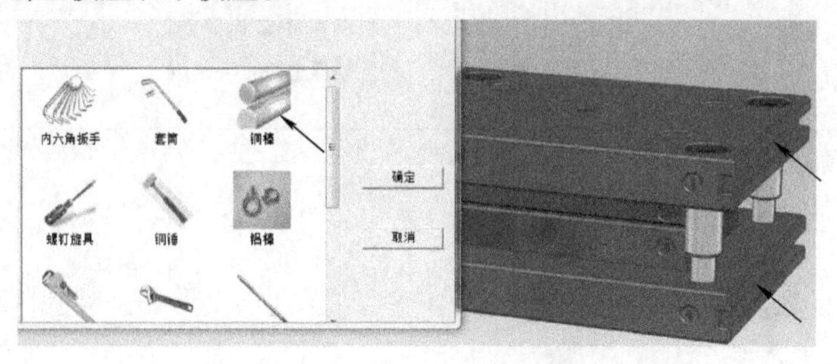

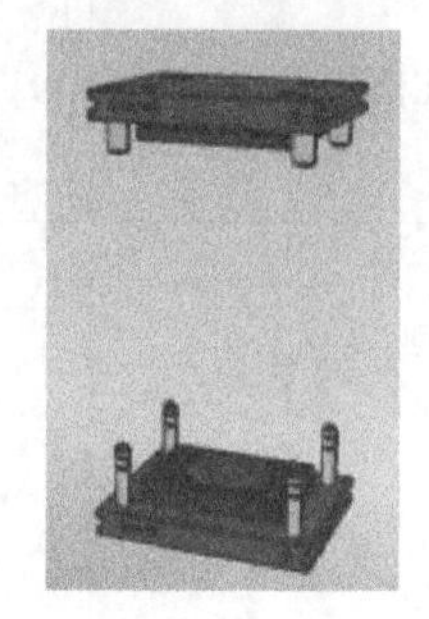

图 3-25　分开上、下模

上模部分主要零部件的拆卸流程如下。

第二步：拆卸上模座的卸料装置，包括卸料螺钉、卸料板和卸料弹簧。

单击上模座内的四个内六角圆柱头螺钉，在工具选择窗口中选择内六角扳手，拆下卸料螺钉，并取下卸料板和卸料弹簧，如图 3-26 所示。

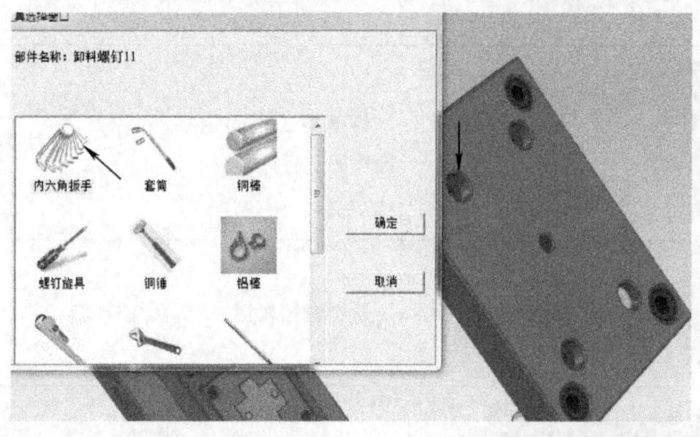

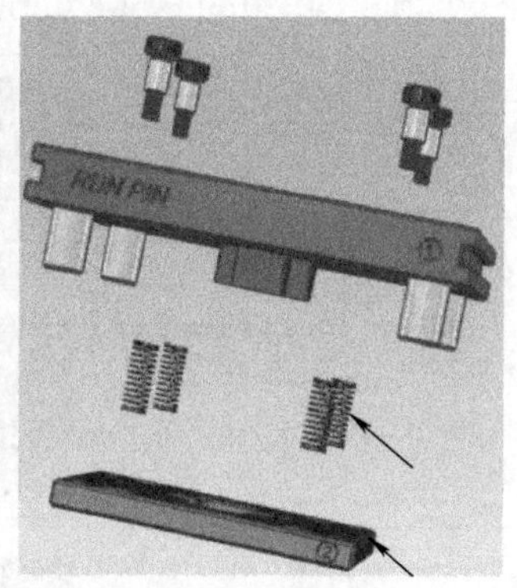

图 3-26　拆卸料装置

第三步：拆凸凹模及推件装置（推件弹簧、卸料针）。

单击上模座内的内六角圆柱头螺钉，在工具选择窗口中选择内六角扳手，拆下凸凹模紧固螺钉，如图 3-27a 所示。单击凸凹模，在工具选择窗口中选择铜棒，拆下凸凹模，取出推件弹簧、卸料针，如图 3-27b 所示。

接着，移动凸凹模、上模座至合适位置，上模部分拆卸完毕，如图 3-28 所示。

下模部分主要零部件的拆卸流程如下。

第四步：拆冲孔凸模组件，包括内六角圆柱头螺钉、凸模固定板和冲孔凸模。

将下模部分旋转 180°，单击下模座内的内六角圆柱头螺钉，在工具选择窗口中选择内六角扳手，拆下冲孔凸模上的内六角圆柱头螺钉，取下凸模固定板和冲孔凸模，如图 3-29 所示。

第五步：拆落料凹模固定板内的内六角圆柱头螺钉、定位销。

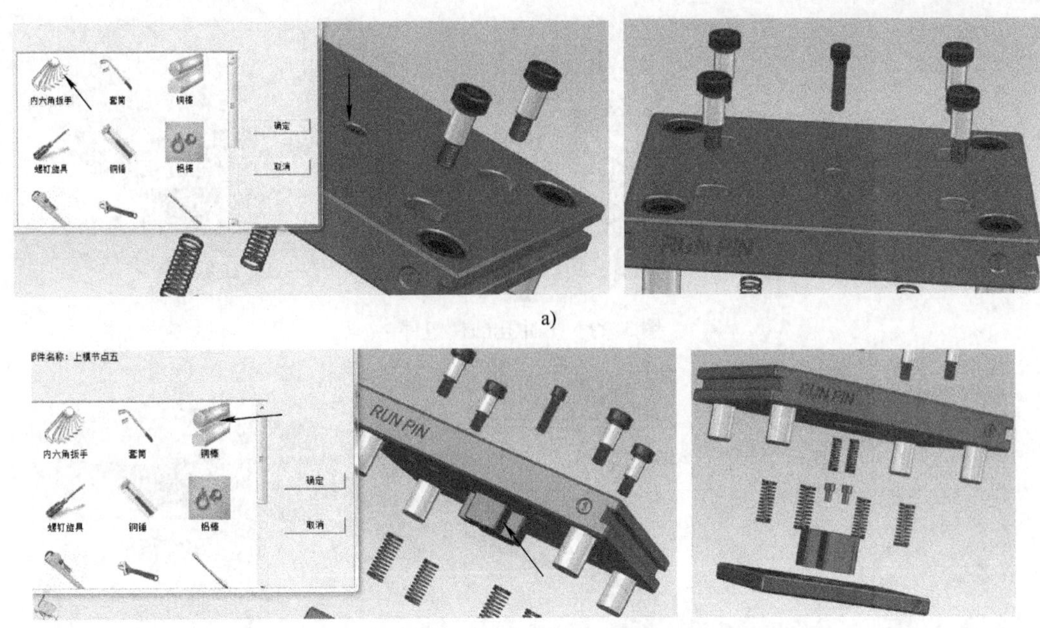

a)

b)

图 3-27 拆凸凹模及推件装置

a）拆凸凹模紧固螺钉 b）拆下凸凹模、推件弹簧及卸料针

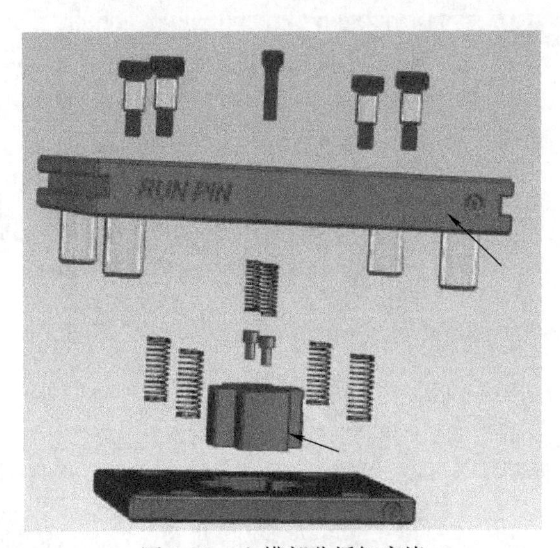

图 3-28 上模部分拆卸完毕

单击下模座底部的两个内六角圆柱头螺钉，在工具选择窗口中选择内六角扳手，拆下内六角圆柱头螺钉，如图 3-30a 所示。单击下模座底部的两个定位销，在工具选择窗口中选择铜锤和铝棒，拆下模座凹模固定板内的定位销，如图 3-30b 所示。

第六步：拆顶件装置，包括推件块、推件弹簧和限位销。

取出凹模固定板组件、推件弹簧和推件块。单击推件块内的限位销，在工具选择窗口中选择铜锤和铝棒，拆下限位销，如图 3-31 所示。

第七步：拆凹模固定板组件，包括落料凹模、挡料销、凹模固定板、内六角圆柱头螺钉、导料销。

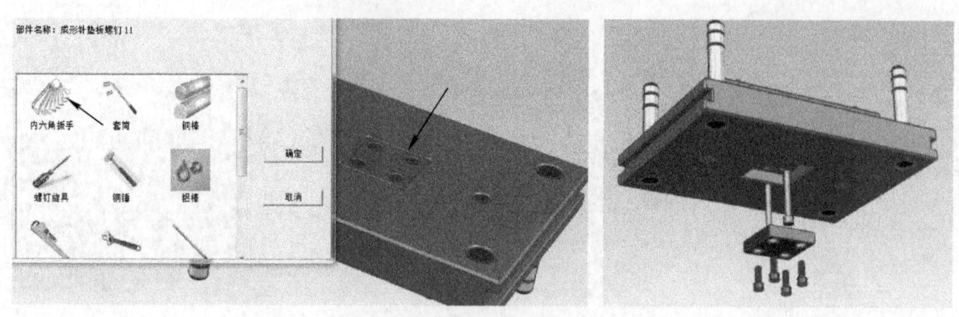

图 3-29　拆冲孔凸模组件

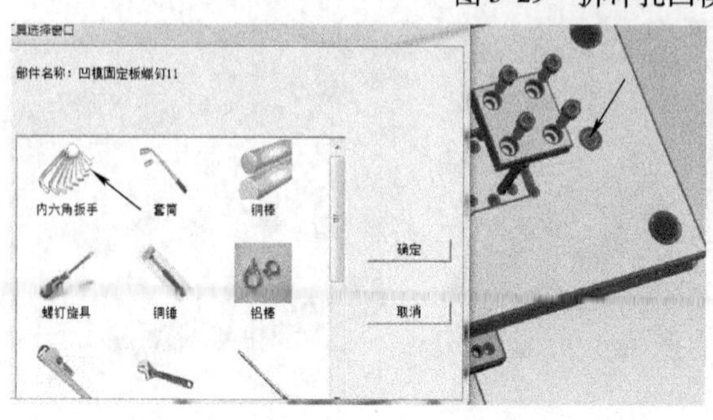

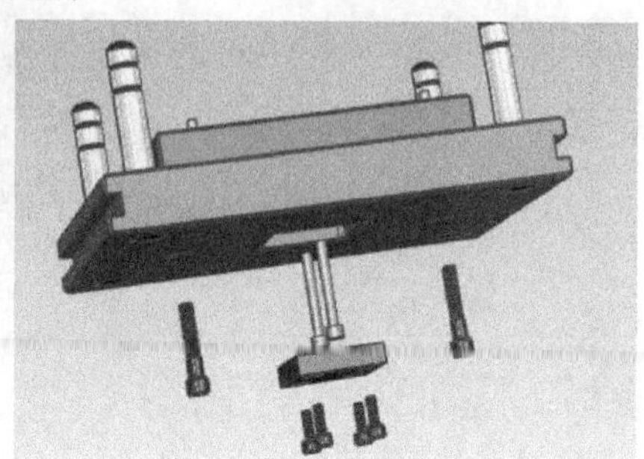

a)

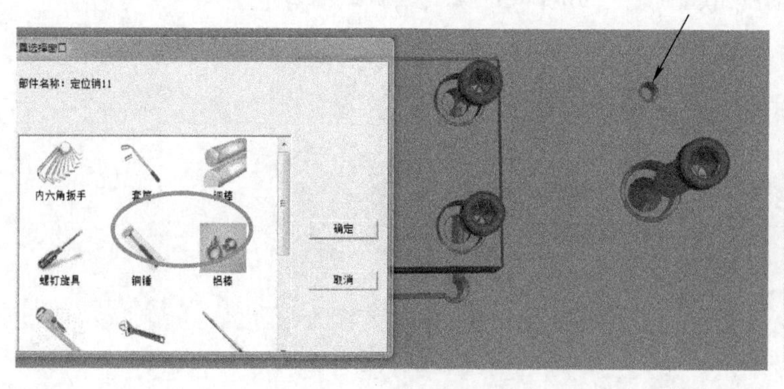

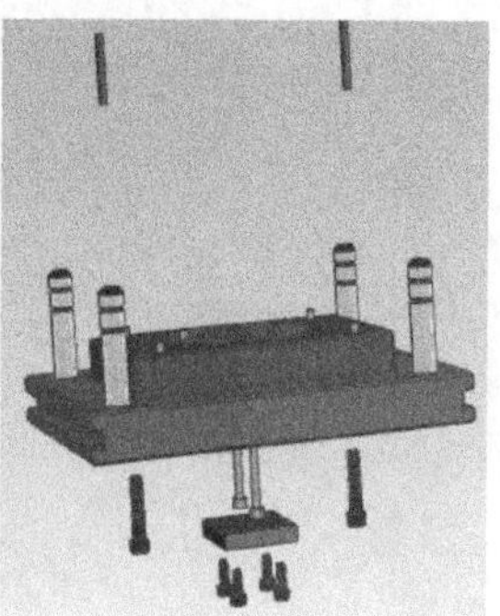

b)

图 3-30　拆落料凹模固定板内的螺钉、定位销

a）拆落料凹模固定板内的螺钉　b）拆落料凹模固定板内的定位销

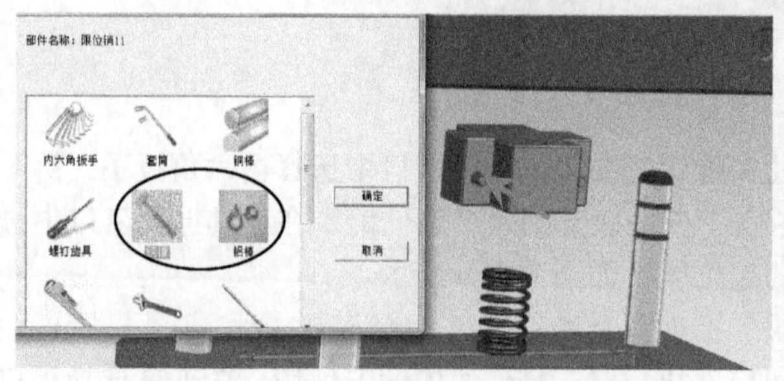

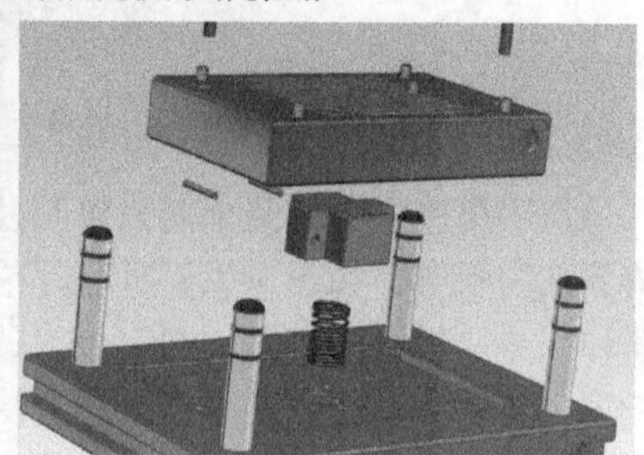

图 3-31　拆顶件装置

单击落料凹模内的四个内六角圆柱头螺钉，在工具选择窗口中选择内六角扳手，拆下内六角圆柱头螺钉，如图 3-32a 所示。单击落料凹模，在工具选择窗口中选择铜棒，拆下落料

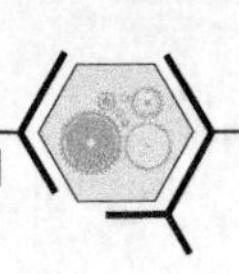

凹模，并移动凹模固定板至合适位置，如图3-32b所示。单击落料凹模内的挡料销，在工具选择窗口中选择铜锤和铝棒，拆下挡料销，如图3-32c所示。单击凹模固定板内的四个导料销，在工具选择窗口中选择大力钳，拆下导料销，如图3-32d所示。

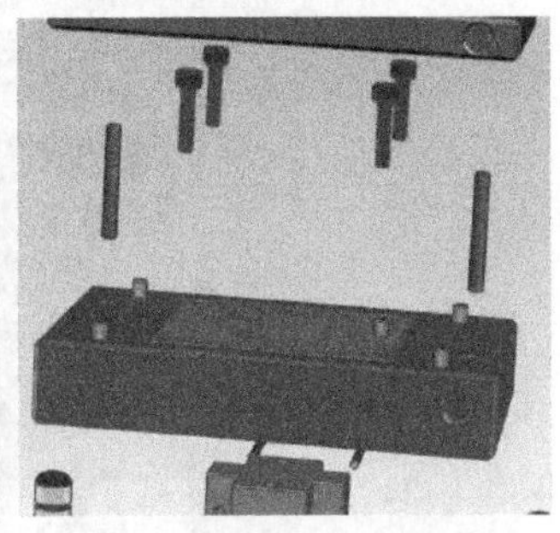

a)

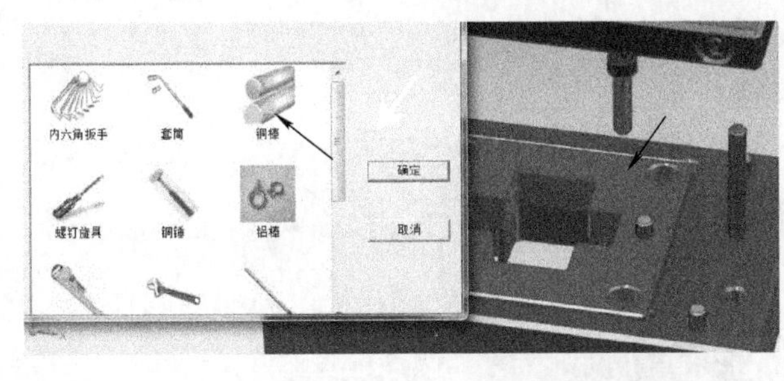

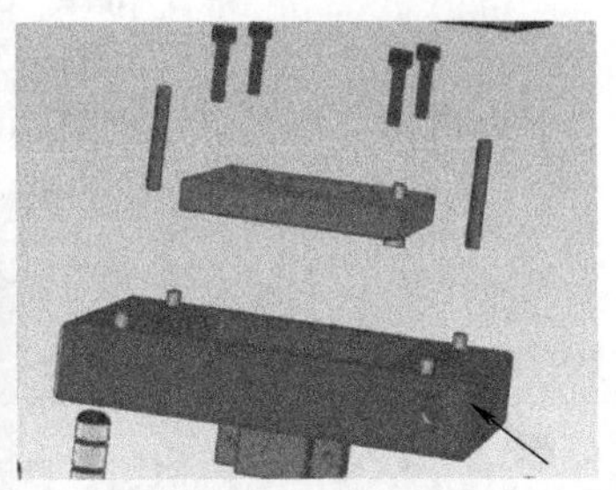

b)

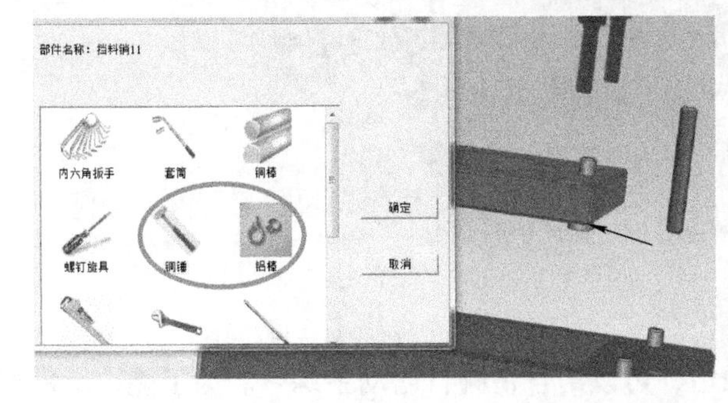

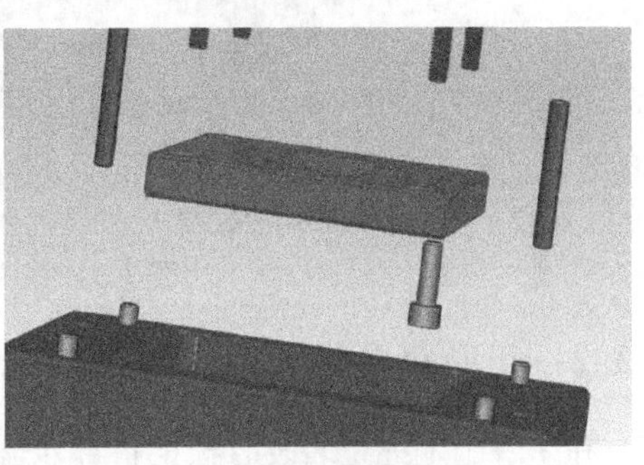

c)

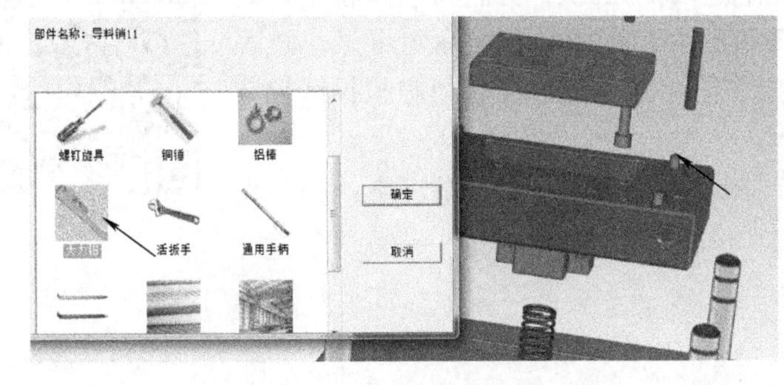

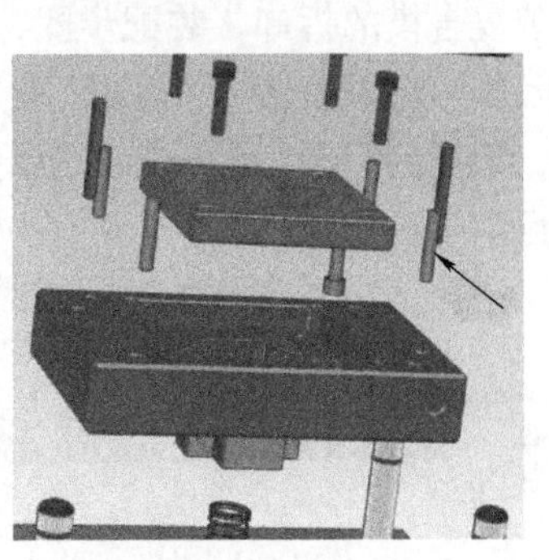

d)

图3-32　拆凹模固定板组件

a）拆落料凹模内的内六角圆柱头螺钉　b）拆落料凹模

c）拆落料凹模内的挡料销　d）拆凹模固定板内的导料销

最后，将下模座、凹模固定板、落料凹模、推件块移动至合适的位置，整个拆卸工作完成，如图 3-33 所示。

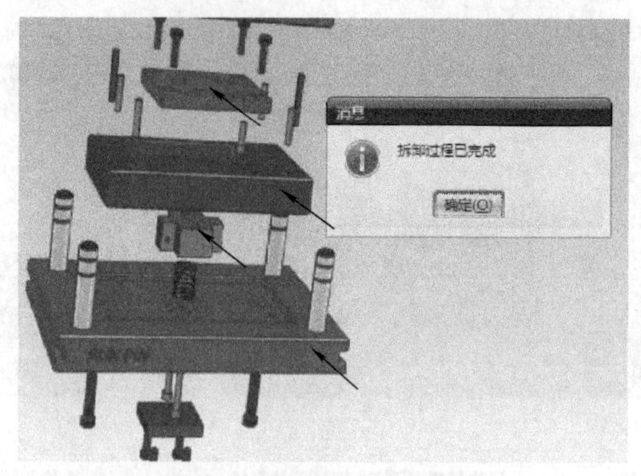

图 3-33　下模部分拆卸完毕

上模、下模拆卸完毕的状态如图 3-34 所示。

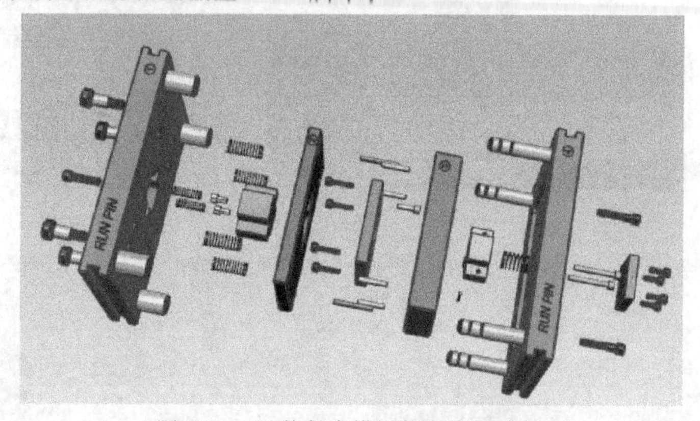

图 3-34　正装复合模拆卸完毕的状态

3.3.2　正装复合模虚拟拆卸及装配训练

在了解了上述正装复合模的拆卸步骤后，可以结合视频自己动手练习。为了能熟练掌握正装复合模的拆卸、装配步骤，请至少练习三次，并将拆装过程中遇到的问题，记录在表（可参考表 3-3 的内容）中。在实际学习操作过程中，如遇到问题，可扫描右面的二维码，参考正装复合模虚拟拆卸视频进行学习操作。

注：正装复合模实物拆装的训练，会在项目 5 中详细讲述。

3.4　拉深模的虚拟拆卸

3.4.1　拉深模的结构认知

图 3-35 所示为某冲压件的拉深模三维结构图。该模架为标准四导柱模架。上模部分装有弹性卸料装置，包括弹性卸料板、卸料弹簧和限位螺钉。组合式弹性推件压料装置设置在

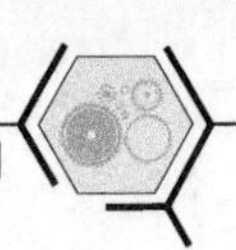

凸凹模内部，凸凹模与上模座采用槽式台阶轻微过盈配合。下模部分设有弹顶压料装置，包括压边圈、压边推件柱、定位圈和弹簧等，压料力的大小可通过紧固螺钉进行调整。落料凹模与凹模固定板采用槽式过盈配合，通过定位销固定，方形毛坯由四个固定导料销导正。

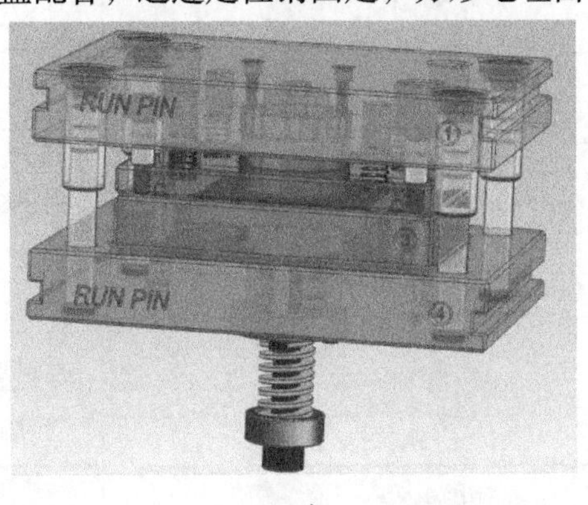

a)

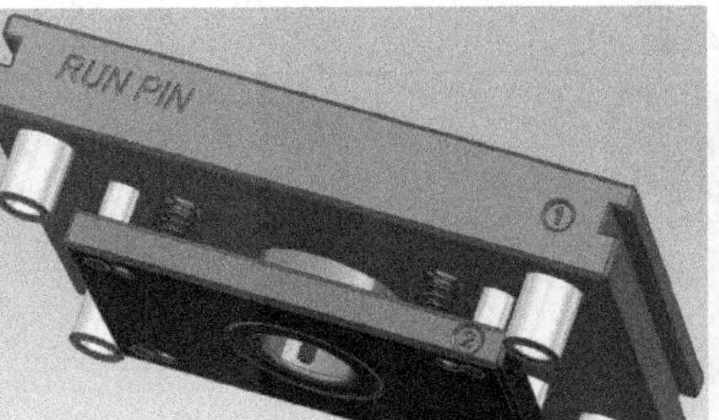

b)

c)

图 3-35　拉深模三维结构图

a）合模状态　b）上模部分　c）下模部分

（1）拉深模的主要零部件认知　上模部分（表 3-8）主要包括：上模座（属于支承及固定零件）、导套、凸凹模、弹性卸料装置（限位螺钉、卸料弹簧、弹性卸料板）、弹性推件压料装置（限位柱弹簧、限位柱、压料件）及紧固螺钉。下模部分（表 3-9）主要包括：下模座（属于支承及固定零件）、导柱、弹顶压料装置（弹簧垫圈、压边弹簧、定位圈、压边推件柱、压边圈、垫圈定位螺钉、压边推件柱紧固螺钉）、定位销、拉深凸模组件（拉深凸模、凸模紧固螺钉）、凹模固定板组件（落料凹模、导料销、凹模固定板、凹模紧固螺钉）及紧固螺钉。

表 3-8　拉深模上模部分主要零部件明细

序号	零件名称	3D 图	功　用	备　注
1	上模座＋导套		与冲压机运动部分固定	侧面开设码模槽

（续）

序号	零件名称	3D图	功 用	备 注
2	凸凹模紧固螺钉		联接凸凹模与上模座	
3	弹性卸料装置		用于卸下凸凹模上的料	组件
			控制卸料板的运动距离	限位螺钉
		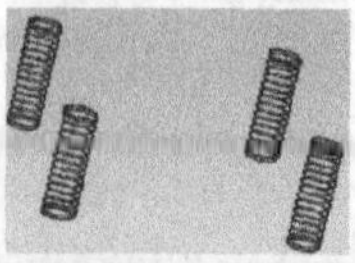	提供弹力给卸料板	卸料弹簧
			在冲压时，用于压紧、卸料	弹性卸料板
4	弹性推件压料装置	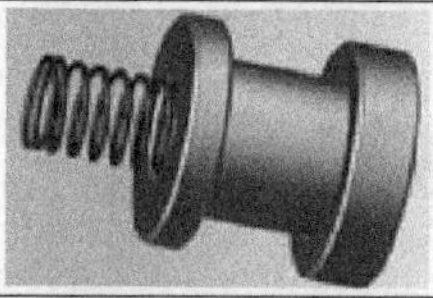		组件
		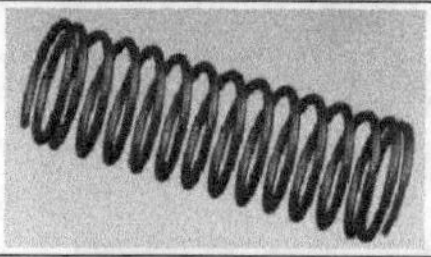	提供弹力给限位柱	限位柱弹簧
			控制压料件的运动距离	限位柱
			冲压时进行压料	压料件（推件块）
		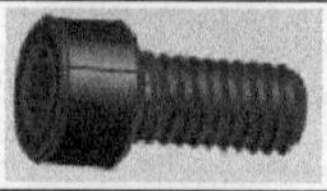	联接压料件和限位柱	推件块紧固螺钉
5	凸凹模		与凸模相互配合，形成所需产品的形状	冲压时，两者需承受较大冲压力，应满足其强度和刚度的要求

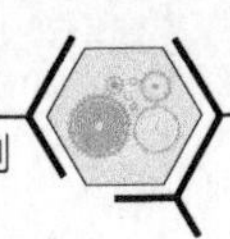

表 3-9 拉深模下模部分主要零部件明细

序号	零件名称	3D 图	功用	备注
1	下模座 + 导柱	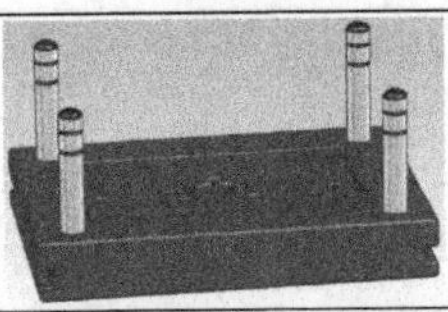	与冲压机的工作台面固定	侧面开设码模槽
2	弹顶压料装置		用于顶料、压料	组件
			联接垫圈和凸模	垫圈定位螺钉
		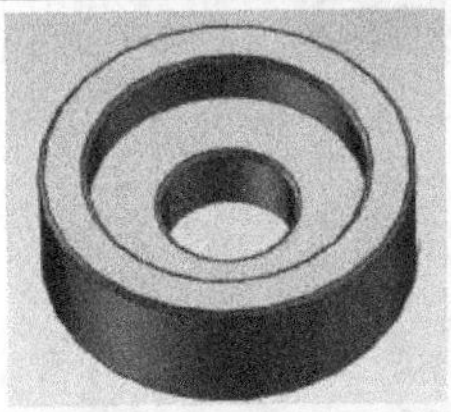	用于放置压边弹簧	弹簧垫圈
		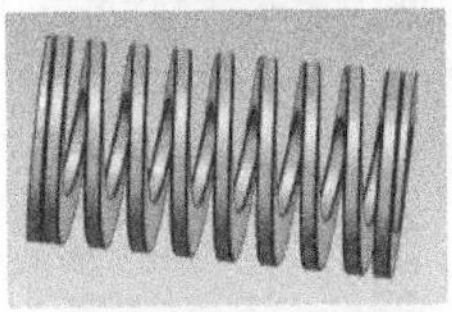	提供凸模和压边复位	压边弹簧
			控制凸模部分在冲压结束后复位到合适位置	定位圈
		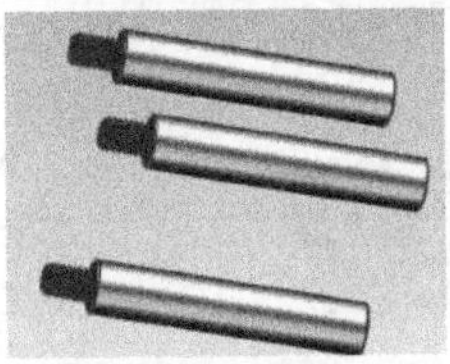	与压边推件柱紧固螺钉配合使用，用于连接压边圈和定位圈	压边推件柱
		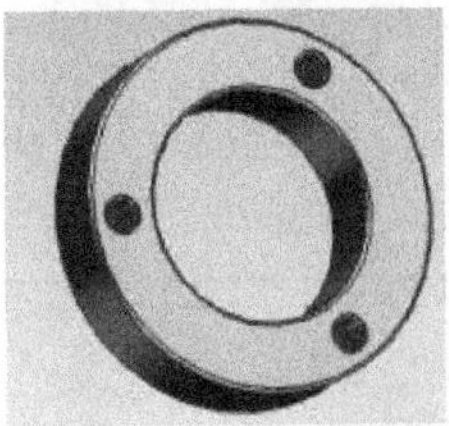	成形产品的边缘	压边圈
		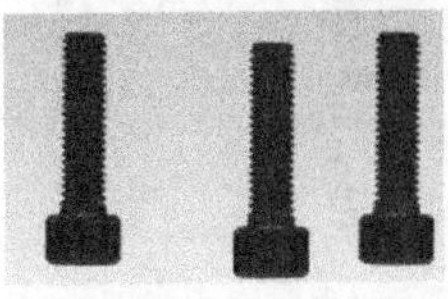	联接压边推件柱和定位圈	压边推件柱紧固螺钉

（续）

序号	零件名称	3D 图	功用	备注
3	凹模固定板紧固螺钉		联接凹模固定板和下模座	
4	定位销		安装螺钉前，对凹模固定板先进行定位	对于有装配精度的，一般先安装定位销，然后再安装螺钉
5	拉深凸模组件			组件
				拉深凸模
		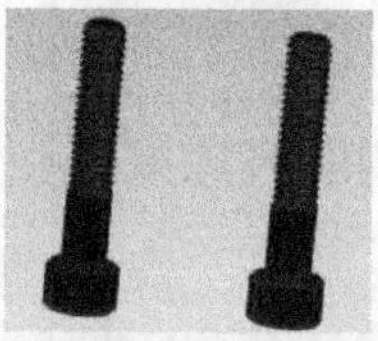	联接凸模和下模座	凸模紧固螺钉
6	凹模固定板组件			组件
			用于放置凹模，一般采用组合方式，方便更换	凹模固定板
			引导板料正确送进	导料销
		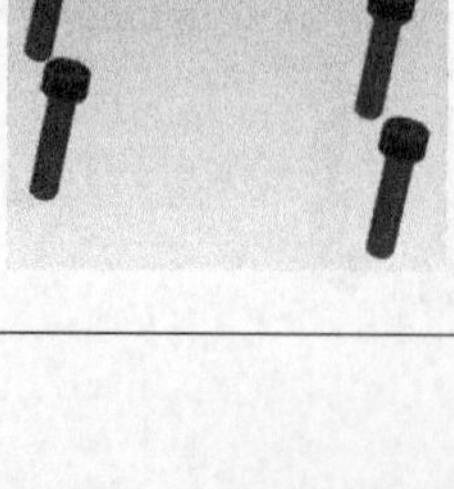	联接凹模与凹模固定板	凹模紧固螺钉

（续）

序号	零件名称	3D图	功用	备注
6	凹模固定板组件		与凸凹模相配合，形成所需产品的形状	落料凹模

（2）拉深模详细拆卸流程简介

第一步：分开上模、下模部分。

首先，单击拆装实验工具条中的“自主拆卸”按钮，进入自主拆卸的界面。接着，在工具选择窗口中选择铜棒，将上模部分和下模部分分开，如图3-36所示。注意：此处需分别单击上模座和下模座。

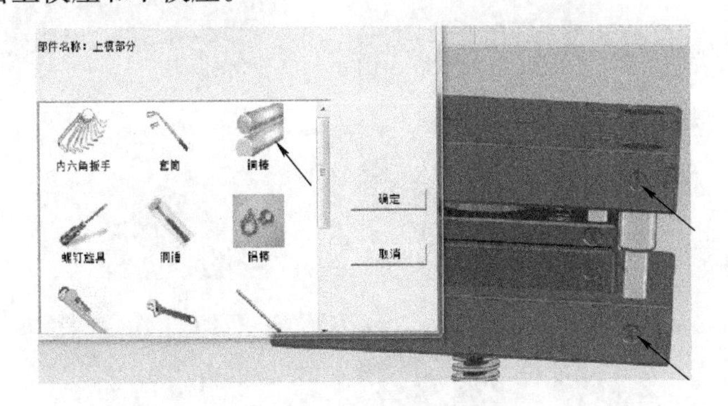

图3-36 分开上、下模

上模部分主要零部件的拆卸流程如下。

第二步：拆弹性卸料装置，包括弹性卸料板、限位螺钉和卸料弹簧。

单击上模座内的四个限位螺钉，在工具选择窗口中选择内六角扳手，卸下限位螺钉，并取下弹性卸料板和卸料弹簧，如图3-37所示。

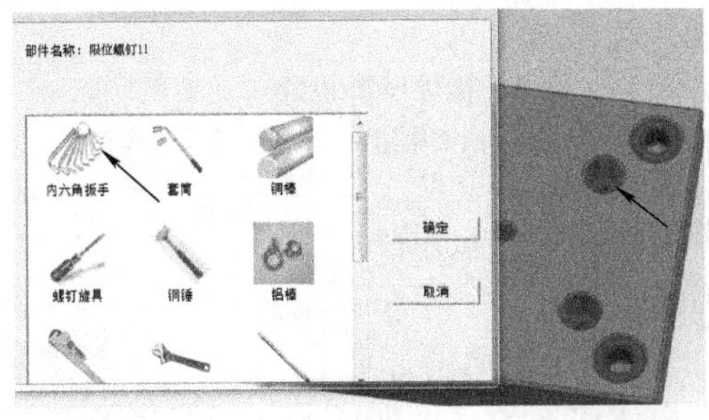

图3-37 拆限位螺钉

第三步：拆弹性推件压料装置，包括凸凹模、限位柱、弹簧、推件块和螺钉。

单击上模座内的两个内六角圆柱头螺钉，在工具选择窗口中选择内六角扳手，拆下凸凹模紧固螺钉，如图3-38a所示。单击凸凹模，在工具选择窗口中选择铜锤和铝棒，拆下凸凹模组件，如图3-38b所示。移动上模座至合适位置后，取出凸凹模内的限位柱弹簧。单击推件块螺钉，在工具选择窗口中选择内六角扳手，拆下推件块螺钉，取出推件块和限位柱，并移动凸凹模至合适位置，如图3-38c所示。

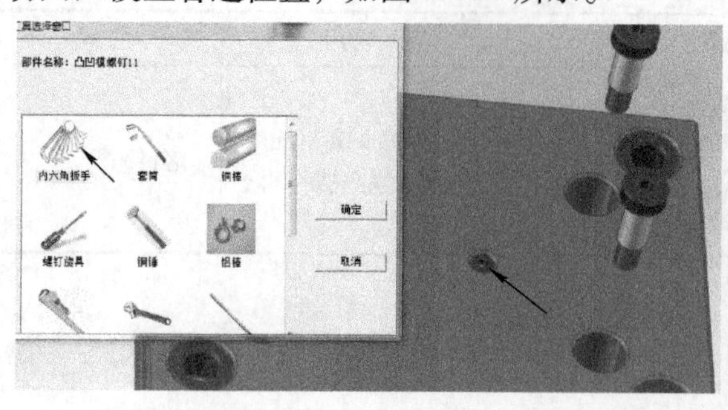

a)

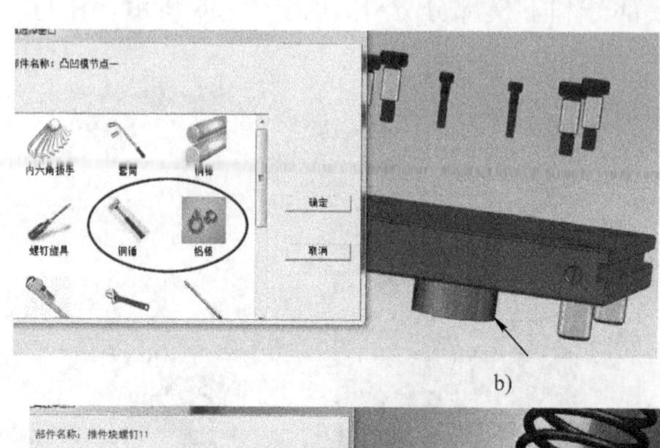

b)

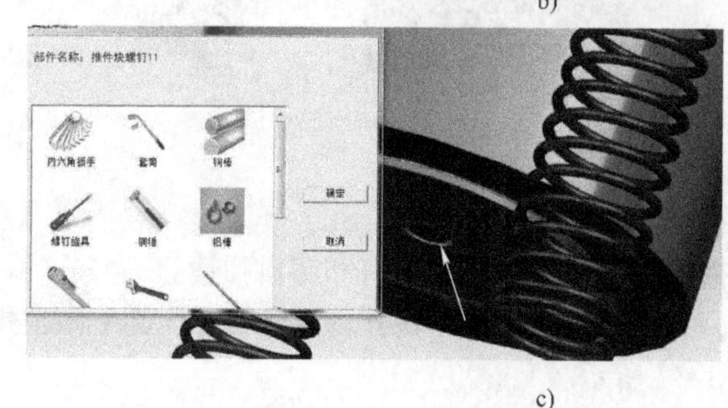

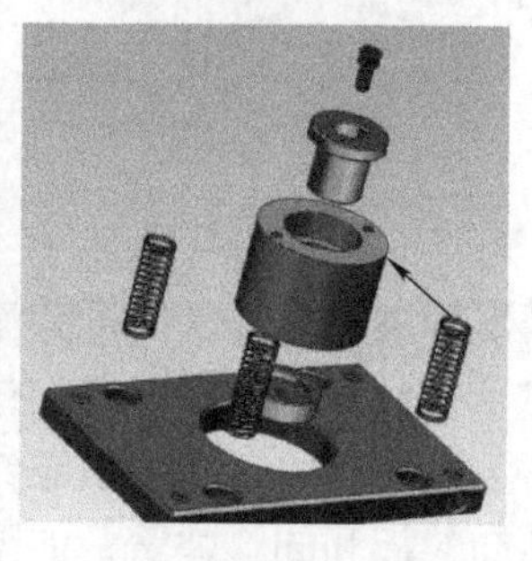

c)

图3-38　拆弹性推件压料装置

a）拆凸凹模固定螺钉　b）拆下凸凹模组件　c）拆推件块螺钉

上模部分拆卸完毕，如图3-39所示。

下模部分主要零部件的拆卸流程如下。

第四步：拆凹模固定板的紧固螺钉、定位销。

将下模部分旋转180°，单击下模座底部的两个凹模固定板紧固螺钉，在工具选择窗口中选择内六角扳手，拆下凹模固定板紧固螺钉，如图3-40a所示。单击下模座底部的两个定位销，在工具选择窗口中选择铜锤和铝棒，拆下定位销，如图3-40b所示。

第五步：拆凹模固定板组件，包括凹模固定板、导料销、紧固螺钉和落料凹模。

取出凹模固定板组件，单击落料凹模内的四个内六角圆柱头螺钉，在工具选择窗口中选择内六角扳手，拆下凹模紧固螺钉，如图3-41a所示。单击落料凹模，在工具选择窗口中选择铜棒，拆下落料凹模，如图3-41b所示。单击凹模固定板内的导料销，在工具选择窗口中

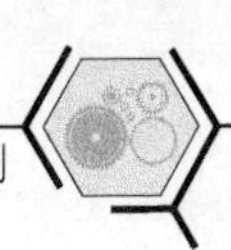

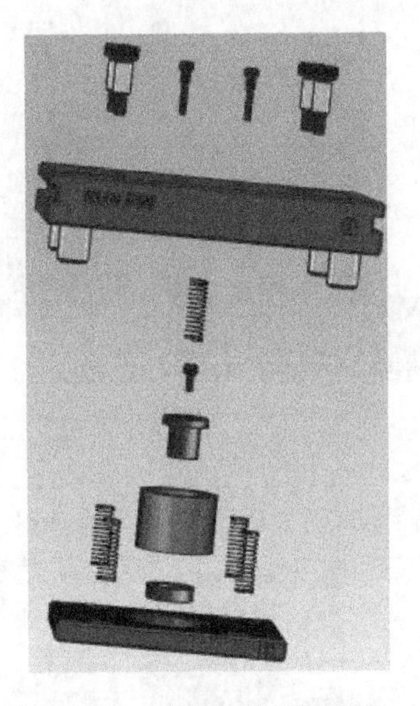

图 3-39　上模部分拆卸完毕

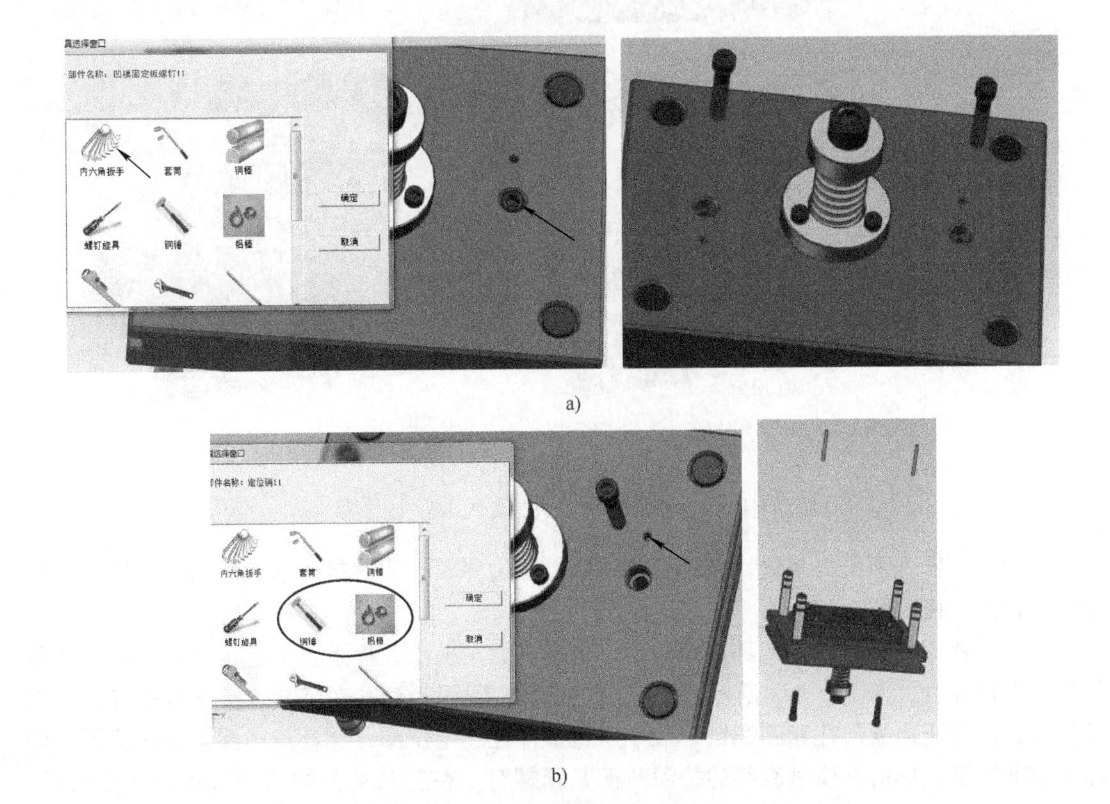

图 3-40　拆凹模固定板紧固螺钉、定位销

a）拆凹模固定板紧固螺钉　b）拆定位销

选择大力钳，拆下导料销，并将凹模固定板移至合适位置，如图 3-41c 所示。

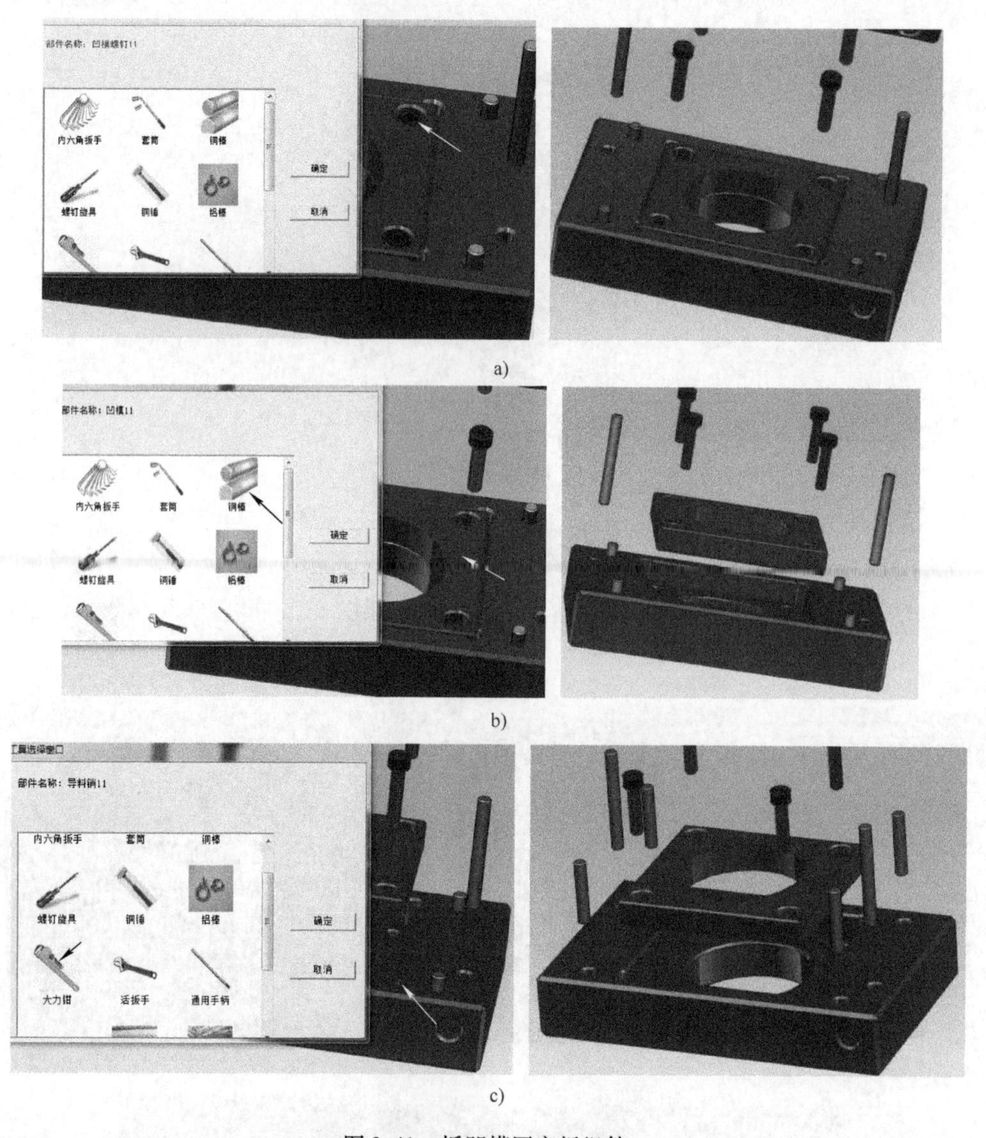

图 3-41　拆凹模固定板组件

a）拆落料凹模内的紧固螺钉　b）拆落料凹模　c）拆导料销

第六步：拆弹顶压料装置，包括弹簧垫圈、压边弹簧、压边推件柱紧固螺钉、压边推件柱、定位圈、压边圈。

单击垫圈定位螺钉，在工具选择窗口中选择内六角扳手，拆下垫圈定位螺钉，取下弹簧垫圈、压边弹簧，如图 3-42a 所示。单击压边推件柱紧固螺钉，在工具选择窗口中选择内六角扳手，拆下压边推件柱紧固螺钉，取下压边推件柱、定位圈，移动压边圈至合适位置，如图 3-42b 所示。单击下模座底部的拉深凸模紧固螺钉，在工具选择窗口中选择内六角扳手，拆凸模紧固螺钉，如图 3-42c 所示。单击拉深凸模，在工具选择窗口中选择铜棒，拆下拉深凸模，如图 3-42d 所示。

移动下模座至合适位置，下模部分拆卸完毕，如图 3-43 所示。

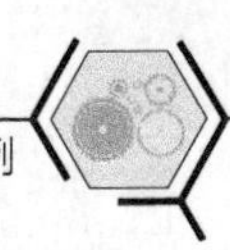

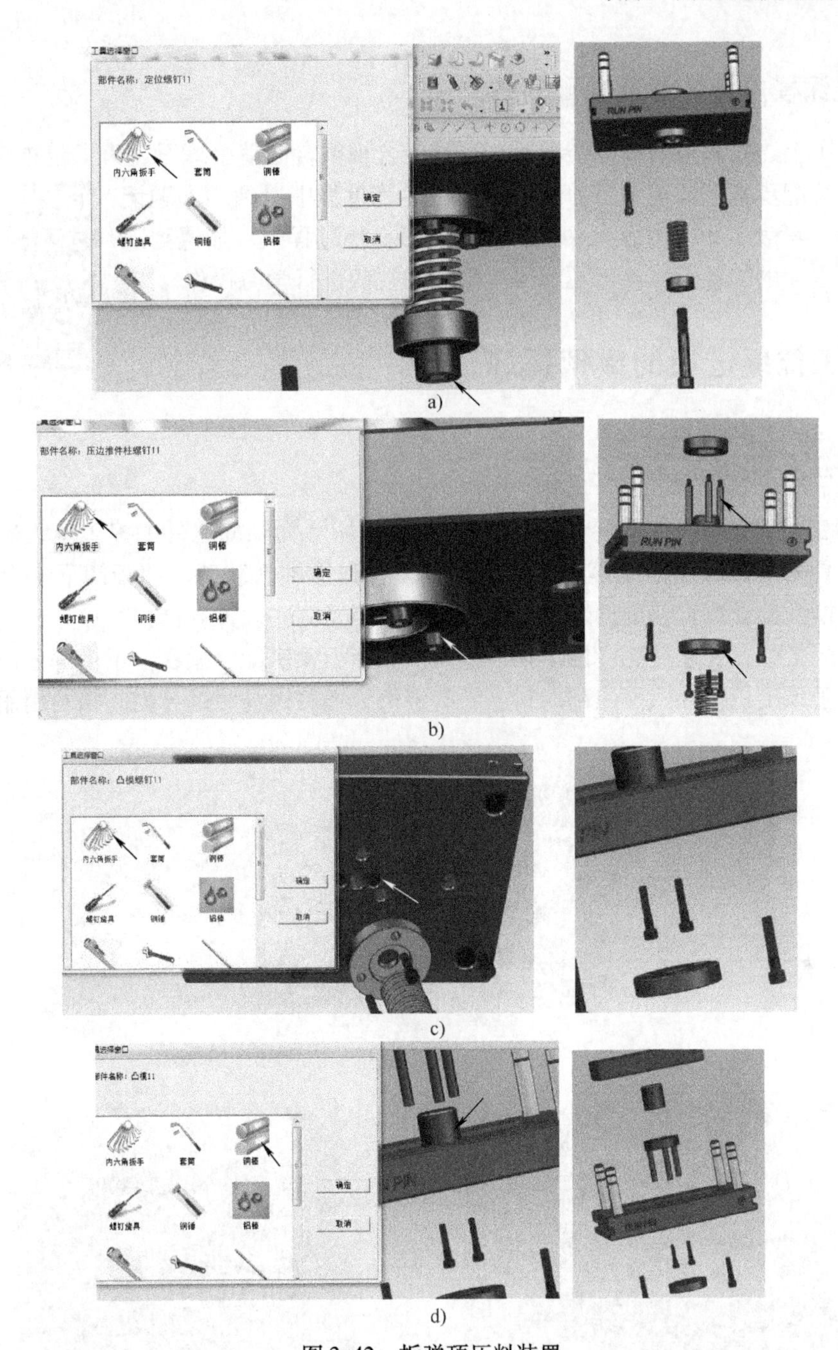

图 3-42　拆弹顶压料装置

a）拆垫圈定位螺钉　b）拆螺钉、定位圈、压边推件柱　c）拆拉深凸模紧固螺钉　d）拆拉深凸模

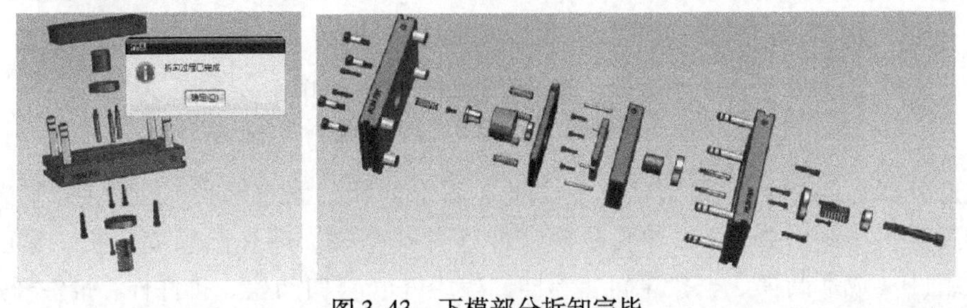

图 3-43　下模部分拆卸完毕

3.4.2 拉深模虚拟拆卸及装配训练

在了解了上述拉深模的拆卸步骤后，可以结合视频自己动手练习。为了能熟练掌握拉深模的拆卸、装配步骤，请至少练习三次，并将拆装过程中遇到的问题记录在表（可参考表3-3的内容）中。在实际学习操作过程中，如遇到问题，可扫描右面的二维码，参考拉深模虚拟拆卸视频进行学习操作。

3.5 多工位级进模的虚拟拆卸

3.5.1 多工位级进模的结构认知

（1）多工位级进模的主要零部件认知　图3-44所示为某冲压件的多工位级进模三维结构图。该模具采用四导柱标准模架。上模部分设有弹性卸料装置，用于卸下多个凸模上的料，弯曲凸模内部设有弹性推件装置，用于弯曲时压紧制件。冲孔凸模、成形凸模与弯曲凸模分设在不同工位，并通过螺钉固定在上模座内，与上模座配合紧密。下模部分设有弹性顶件装置，用于顶出积存在凹模内部的料。导料销用于坯料送进时的导向，挡料销用于坯料的正确定距。

a)

b)

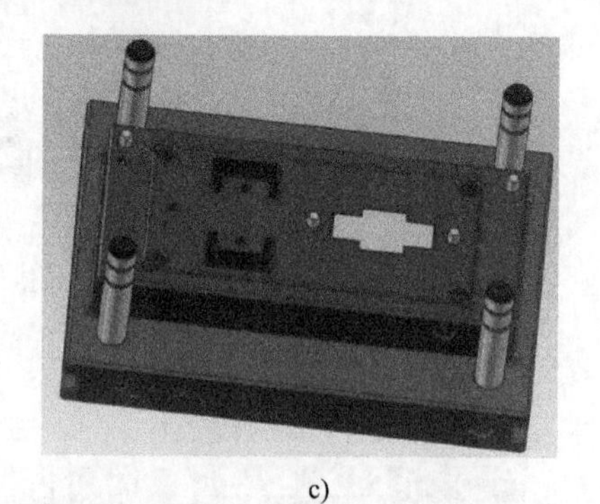

c)

图3-44　多工位级进模三维结构图

a）合模状态　b）上模部分　c）下模部分

上模部分（表3-10）主要包括：上模座（属于支承及固定零件）、弹性卸料装置（卸料板、卸料螺钉、卸料弹簧）、冲孔凸模组件（冲孔凸模、冲孔凸模固定板、紧固螺钉）、成形凸模组件（成形凸模、联接螺钉、弯曲凸模组件（弯曲凸模、推件杆、推件杆弹簧、弯

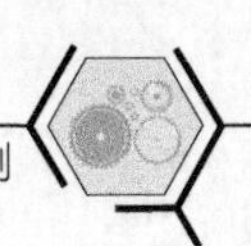

曲凸模紧固螺钉）。下模部分（表3-11）主要包括：下模座（属于支承及固定零件）、凹模固定板紧固螺钉、定位销、顶件装置组件（推件块、推件块弹簧）、凹模固定板组件（凹模固定板、导料销、凹模固定板紧固螺钉、凹模、挡料销）。

表3-10　多工位级进模上模部分主要零部件明细

序号	零件名称	3D图	功用	备注
1	上模座＋导套	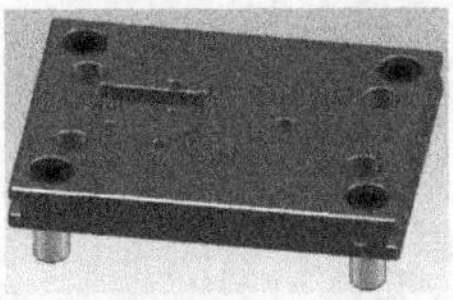	与冲压机运动部分固定	侧面开设码模槽
2	弹性卸料装置		用于卸下凸模上的料	组件
			把产品从凸模上卸下来	卸料板
			限制卸料板的运动距离	卸料螺钉
		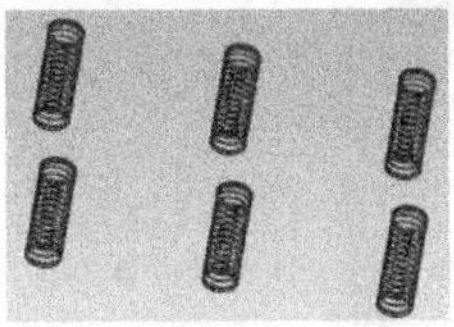	为卸料板提供弹力	卸料弹簧
3	冲孔凸模组件	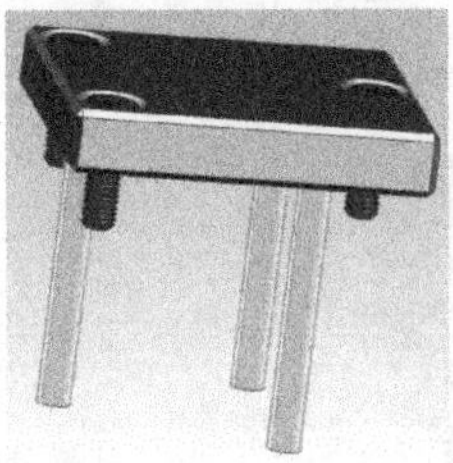	冲制产品上的三个小孔	组件
		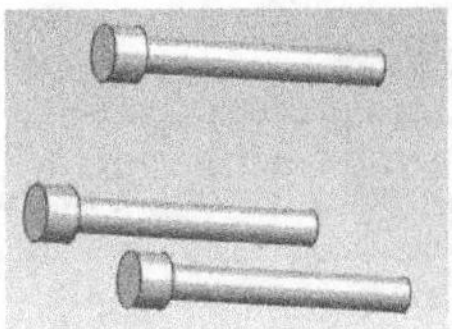	用于成形产品	冲孔凸模

（续）

序号	零件名称	3D 图	功用	备注
3	冲孔凸模组件		用于固定凸模	冲孔凸模固定板
		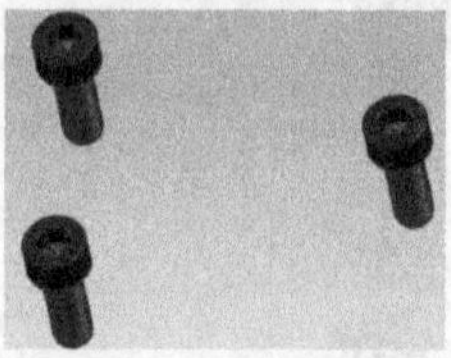	将凸模固定板联接在上模座上	紧固螺钉
4	成形凸模组件			组件
			用于成形产品外轮廓	成形凸模
			联接固定成形凸模	联接螺钉
5	弯曲凸模组件			组件
			用于弯制产品两边	弯曲凸模

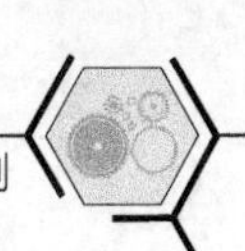

（续）

序号	零件名称	3D 图	功用	备注
5	弯曲凸模组件		给推件杆提供弹力	推件杆弹簧
			用于压紧制件	推件杆
			用于联接固定弯曲凸模	弯曲凸模紧固螺钉

表 3-11　多工位级进模下模部分主要零部件明细

序号	零件名称	3D 图	功用	备注
1	下模座 + 导柱		与冲压机的工作台面固定	侧面开设码模槽
2	凹模固定板紧固螺钉		联接凹模固定板和下模座	
3	定位销		联接凹模固定板和下模座	
4	顶件装置组件		用于顶出制件	组件

（续）

序号	零件名称	3D 图	功用	备注
4	顶件装置组件		顶出卡在弯曲凹模内的制件	推件块
			提供弹力给推件块	推件块弹簧
5	凹模固定板组件			组件
			用于固定凹模	凹模固定板
			引导坯料正确送进	导料销
			用于将凹模固定在凹模固定板内	凹模固定板紧固螺钉
			用于成形产品	凹模
			正确定位坯料	挡料销

（2）多工位级进模详细拆卸流程简介

第一步：分开上模、下模部分。

首先，单击拆装实验工具条中的“自主拆卸”按钮，进入自主拆卸的界面。接着，在工具选择窗口中选择铜棒，将上模部分和下模部分分开，如图 3-45 所示。注意：此处需分别单击上模座和下模座。

上模部分主要零部件的拆卸流程如下。

第二步：拆弹性卸料装置，包括卸料板、卸料弹簧和卸料螺钉。

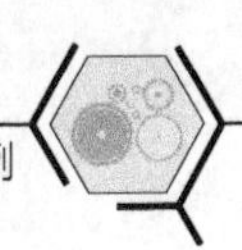

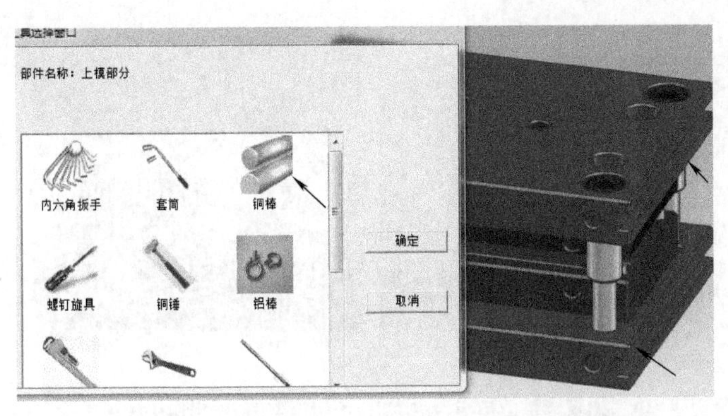

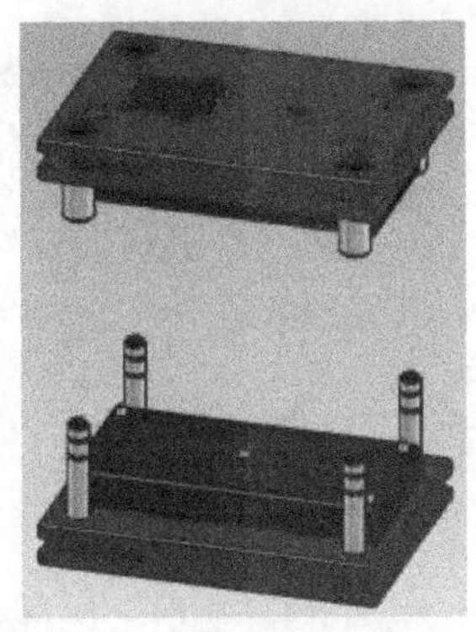

图 3-45 分开上、下模

单击上模座内四个卸料螺钉，在工具选择窗口中选择内六角扳手，拆下卸料螺钉，取下卸料板、卸料弹簧，如图 3-46 所示。

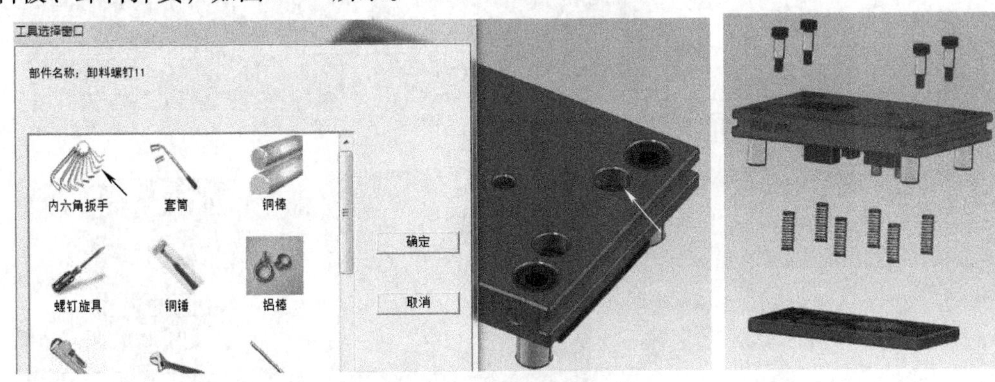

图 3-46 拆弹性卸料装置

第三步：拆第一工位上的凸模组件，包括冲孔凸模固定板、紧固螺钉、冲孔凸模和成形凸模。

单击上模座第一工位凸模固定板内的三个内六角圆柱头螺钉，在工具选择窗口中选择内六角扳手，拆下紧固螺钉，取下冲孔凸模固定板，如图 3-47a 所示。单击三个冲孔凸模，在工具选择窗口中选择铜棒，拆下冲孔凸模，如图 3-47b 所示。单击固定成形凸模的两个内六角圆柱头螺钉，在工具选择窗口中选择内六角扳手，拆下紧固螺钉，如图 3-47c 所示。单击成形凸模，在工具选择窗口中选择铜棒，拆下成形凸模，如图 3-47d 所示。

第四步：拆第二工位上的弯曲凸模组件，包括推件杆弹簧、推件杆、弯曲凸模。

单击弯曲凸模组件，在工具选择窗口中选择铜棒，拆下弯曲凸模组件，取出推件杆弹簧、推件杆，如图 3-48 所示。

接着，将上模座、成形凸模移至合适的位置，上模部分拆卸完毕，如图 3-49 所示。

下模部分主要零部件的拆卸流程如下。

第五步：拆下模座与凹模固定板内的紧固螺钉、定位销。

将下模座旋转 180°，单击下模座底部两个凹模固定板的内六角圆柱头螺钉，在工具选择窗口中选择内六角扳手，拆下内六角圆柱头螺钉，如图 3-50a 所示。单击下模座内的两个定位销，在工具选择窗口中选择铜锤和铝棒，拆下定位销，如图 3-50b 所示。

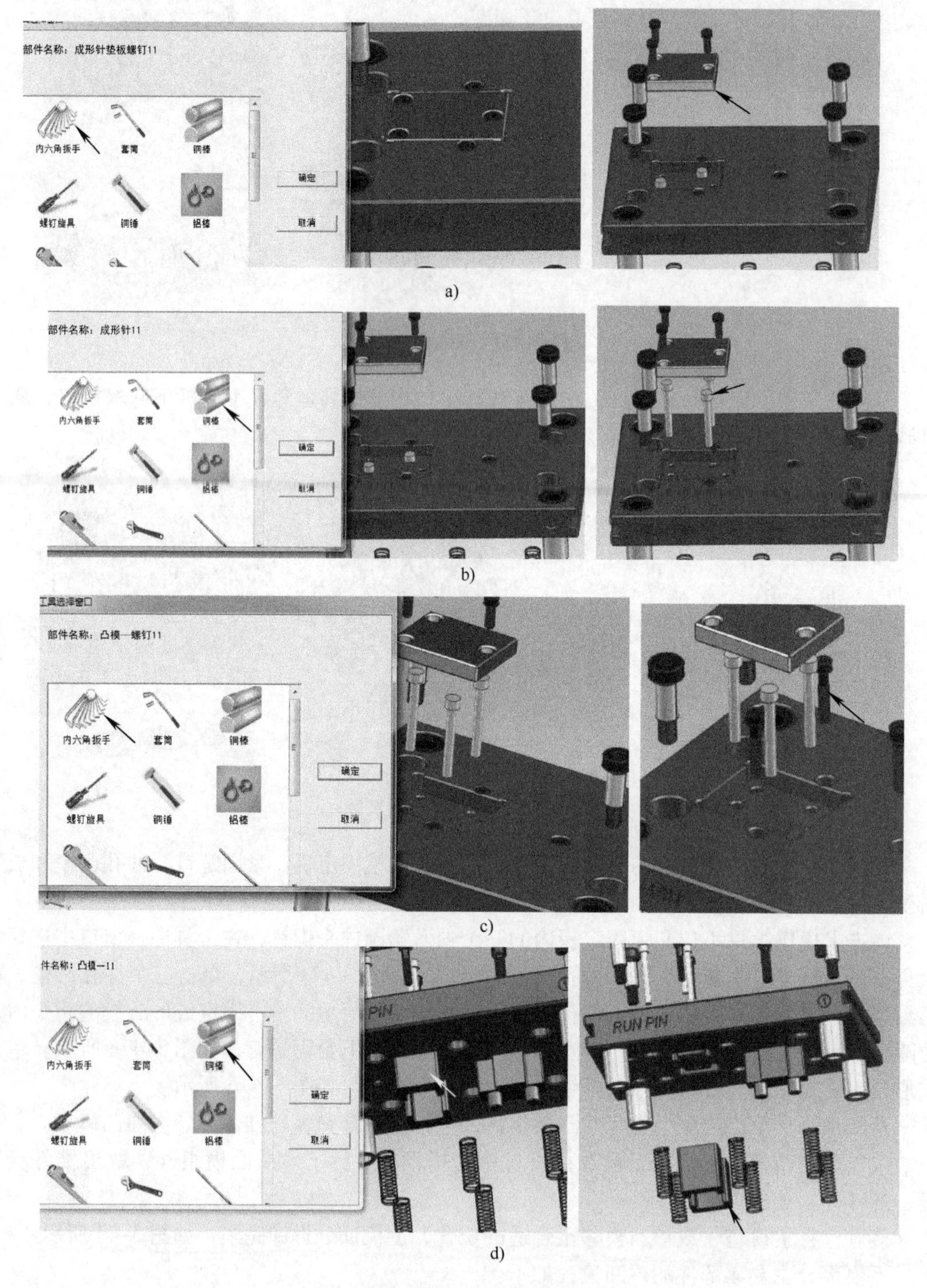

图 3-47　拆第一工位凸模组件

a）拆凸模固定板、紧固螺钉　b）拆冲孔凸模　c）拆成形凸模紧固螺钉　d）拆成形凸模

第六步：拆凹模固定板组件，包括凹模固定板、凹模，挡料销、导料销、螺钉，取出凹模固定板组件。

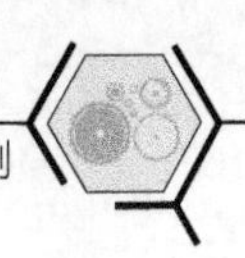

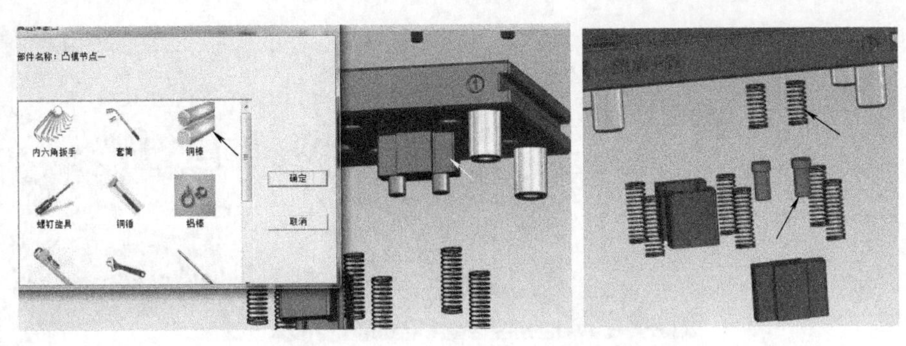

图3-48　拆第二工位弯曲凸模组件

单击凹模内的四个内六角圆柱头螺钉，在工具选择窗口中选择内六角扳手，拆下紧固螺钉，如图3-51a所示。单击凹模固定板内的凹模，在工具选择窗口中选择铜棒，拆下凹模，如图3-51b所示。单击凹模内的挡料销，在工具选择窗口中选择铜锤和铝棒，拆下挡料销，如图3-51c所示。单击凹模固定板内的导料销，在工具选择窗口中选择大力钳，拆下导料销，如图3-51d所示。

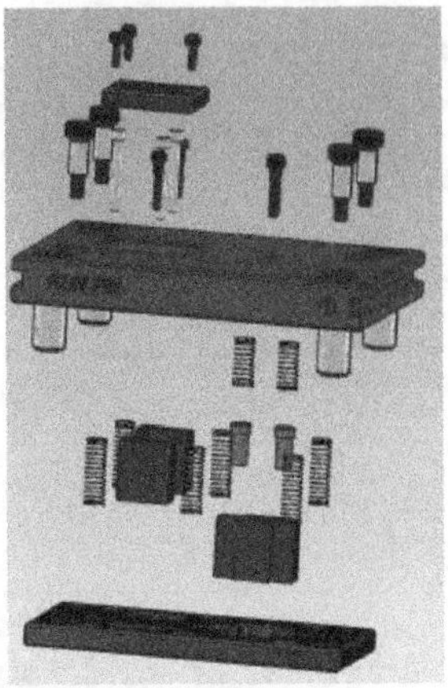

最后，将凹模固定板、下模座、凹模移至合适的位置，整个拆卸过程完毕，如图3-52所示。

图3-49　上模部分拆卸完毕

3.5.2　多工位级进模虚拟拆卸及装配训练

在了解了上述多工位级进模的拆卸步骤后，可以结合视频

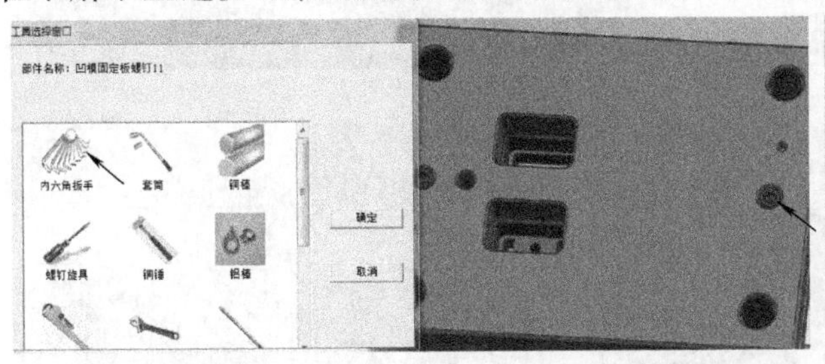

a)

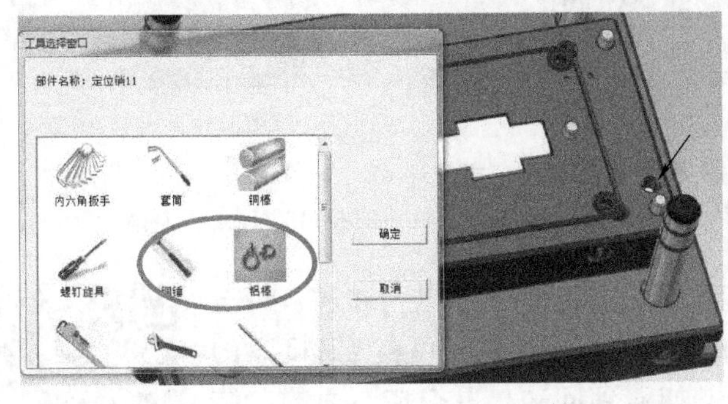

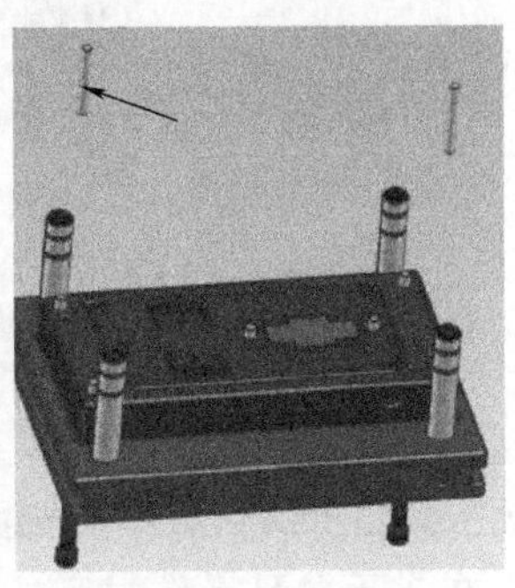

b)

图3-50　拆凹模固定板的紧固螺钉、定位销

a）拆凹模固定板的紧固螺钉　b）拆凹模固定板的定位销

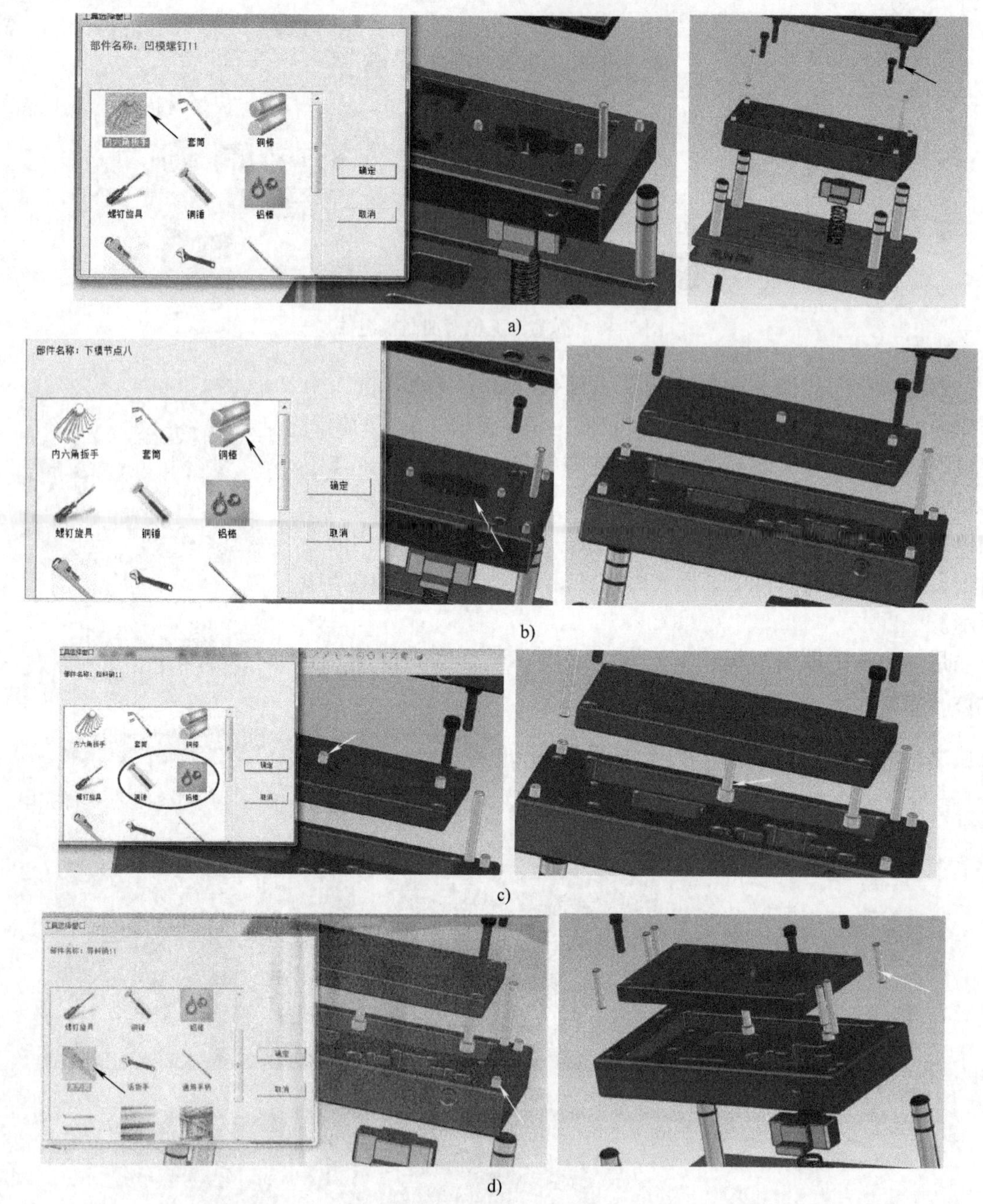

a)

b)

c)

d)

图 3-51　拆凹模固定板组件

a）拆紧固螺钉　b）拆凹模　c）拆凹模内的挡料销　d）拆凹模固定板内的导料销

自己动手练习。为了能熟练掌握多工位级进模的拆卸、装配步骤，请至少练习三次，并将拆装过程中遇到的问题，记录在表（可参考表 3-3 的内容）中。在实际学习操作过程中，如遇到问题，可扫描右面的二维码，参考多工位级进模虚拟拆卸视频进行学习操作。

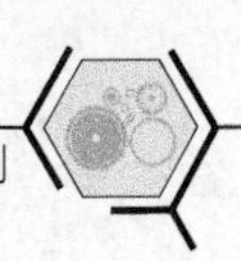

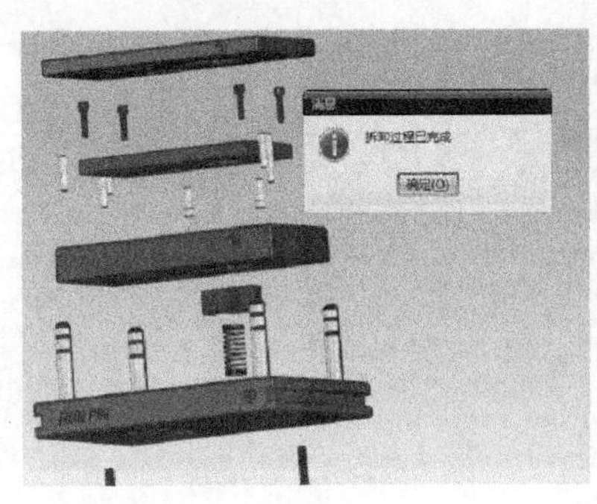

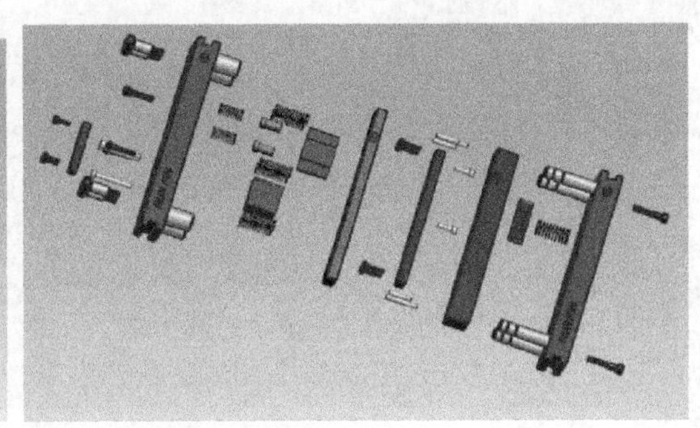

图 3-52 多工位级进模拆卸完毕

本项目小结

通过本项目冲孔模、弯曲模、正装复合模、拉深模及多工位级进模结构的认知，并借助于润品虚拟拆装实验室模拟拆、卸模具的全流程，学生应掌握冲孔模、弯曲模、正装复合模、拉深模及多工位级进模各主要零部件之间的装配关系，能够熟练完成拆装工作，并正确合理地选择、使用拆装工具。

实训与练习

1. 举例说明典型冲压模具的拆卸与装配顺序。
2. 典型冲压模具的卸料装置通常由哪些零部件组成?
3. 以虚拟实验室中落料模为例，记录其虚拟拆卸的步骤。
4. 请结合典型冲压模具虚拟拆装过程中遇到的主要问题及难点，谈谈解决措施。

项目4

典型注塑模具虚拟拆装实例

项目目标

通过本项目的学习和操作练习，掌握并熟知典型注塑模具的结构特点，能合理选择拆装工具，正确模拟注塑模具的拆装过程，为后续的实物拆装操作打下坚实的基础。

项目引入

为了能正确并熟练地进行注塑模具的拆装工作，在进行实物模具拆装之前，借助于模具虚拟实验室软件操作平台，了解典型注塑模具的运动机理，进一步熟悉典型注塑模具的结构，掌握注塑模具正确的拆装步骤。

项目分析与分解

本项目结合润品科技模具虚拟实验室中典型的注塑模具结构，对其虚拟拆卸的步骤进行分步讲解，以帮助初学者更好地掌握操作要领。本项目主要以细水口注塑模、二次顶出注塑模、哈夫注塑模、斜顶注塑模、斜导柱注塑模为例进行分析。

4.1　细水口注塑模的虚拟拆卸
4.2　二次顶出注塑模的虚拟拆卸
4.3　哈夫注塑模的虚拟拆卸
4.4　斜顶注塑模的虚拟拆卸
4.5　斜导柱注塑模的虚拟拆卸

相关知识

在进行模具拆装之前，需要对模具拆装必备的一些操作技能知识有所认知，在项目1中已有所讲述。在学习本项目前，可以再重温一下之前的相关内容。

项目实施

4.1　细水口注塑模的虚拟拆卸

4.1.1　细水口注塑模的结构认知

细水口模又名三板模或双分型面模，它是基本模架之一。与两板模相比，多了一块流道

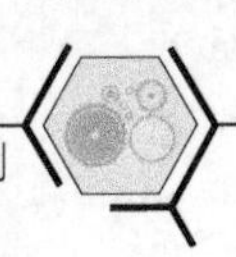

推板，并且流道推板和定模板可以运动。图 4-1 所示为某盒形件的细水口注塑模三维结构图。该模具采用一模两腔的布置方式，在产品的表面上开设点浇口，降低成型后浇口痕迹对产品外观质量的影响。在拆装时要特别留意脱凝料板及其与其他模板间的装配关系。

1. 细水口注塑模的主要零部件认知

定模部分（表 4-1）主要包括：定模座板、脱凝料板、浇口套、定模板、限位螺钉、拉料机构等。动模部分（表 4-2）主要包括：动模座板、模脚、顶出系统、锁模扣、动模板、型芯、螺钉等。

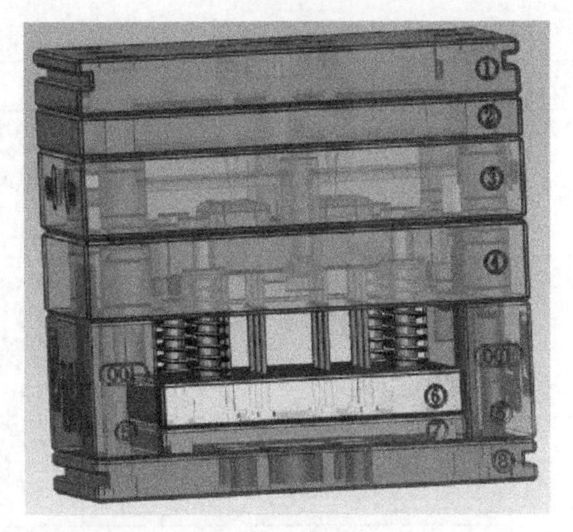

图 4-1　细水口注塑模三维结构图

表 4-1　细水口注塑模定模部分主要零部件明细

序号	零件名称	3D 图	功用	备注
1	定模座板		把定模部分固定在注塑机上	侧面开设码模槽
2	定模座板螺钉		用于联接脱凝料板与定模座板	
3	浇口套		作为浇注系统的主流道	便于更换及维修
4	脱凝料板		将凝料从浇口套中拉出	
5	定模板（A 板）		用于放置型腔（此处做成整体式）	根据实际情况，有时会做成整体式，以增强强度

（续）

序号	零件名称	3D 图	功用	备注
6	快速接头		用于连接水路	放置在定模板内
7	导柱	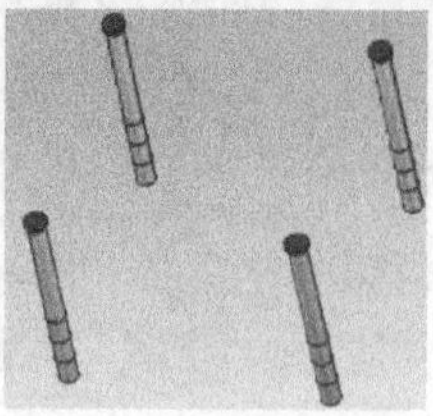	用于脱凝料板、定模板和动模部分的导向	
8	限位螺钉		控制脱凝料板的运动距离	把浇注系统的主流道从浇口套中拉出
9	拉料机构	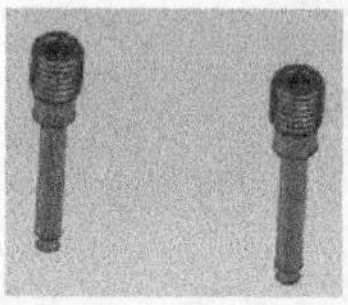		组件
		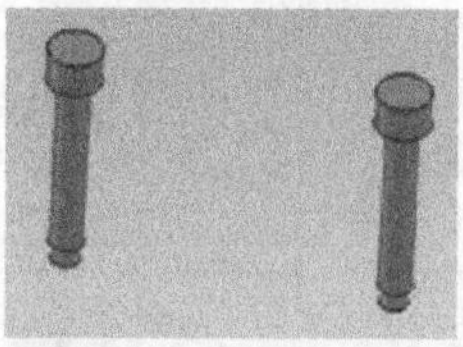	用于把分流道钩住，使浇口切断	拉料杆
			用于压紧固定拉料杆	螺塞（堵头）

表 4-2　细水口注塑模动模部分主要零部件明细

序号	零件名称	3D 图	功用	备注
1	动模座板		把动模部分固定在注塑机上	侧面开设码模槽
2	动模板紧固螺钉	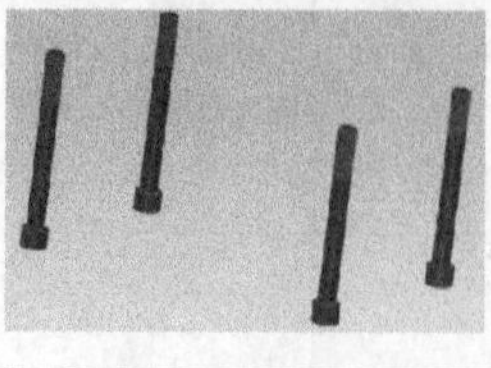	联接动模座板、模脚和动模板	

（续）

序号	零件名称	3D 图	功用	备注
3	模脚紧固螺钉		联接动模座板和模脚	
4	模脚		支承动模板，产生一个空间，用于放置顶出系统	
5	顶出系统	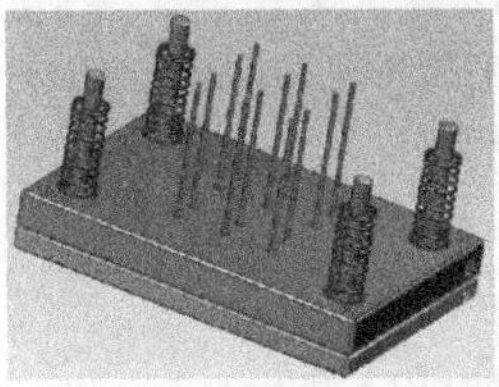		组件
			两块板共同作用，用来固定顶针及其他零件	顶针底板
				顶针固定板
			联接顶针固定板和顶针底板	顶针板固定紧固螺钉
		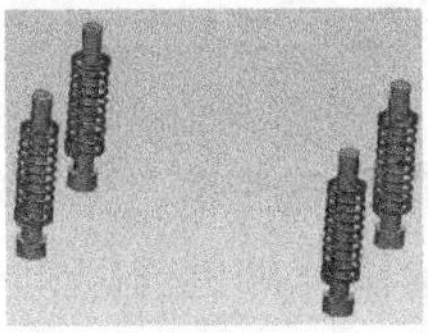	使顶出系统先复位	复位杆及弹簧
		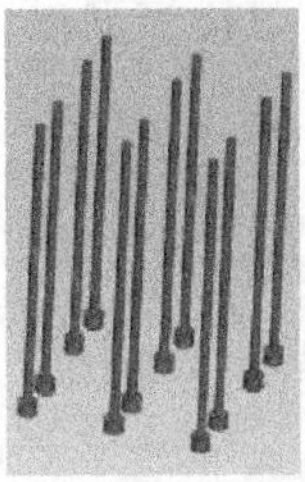	顶出产品	顶针

（续）

序号	零件名称	3D图	功用	备注
6	锁模扣		用于锁紧定模板和动模板	
7	动模板组件			组件
			用于藏型芯。根据实际情况，有时会做成整体式，以增强强度	动模板（B板）
		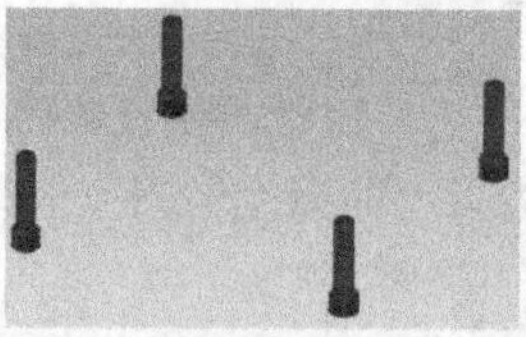	将型芯镶件固定在动模板内	型芯镶件螺钉
			用于成形产品内表面	型芯

2. 细水口注塑模虚拟拆卸流程简介

接下来借助润品模具虚拟实验室平台，介绍该细水口注塑模虚拟拆卸的全流程。由于模具的拆、装过程是互逆的，此处主要介绍模具拆卸的全流程，装配过程就是拆卸顺序的倒置。

1）打开UG软件，单击模具虚拟实验室，选择注塑模中的001细水口，将细水口注塑模装配件加载到工作界面。

2）细水口注塑模详细拆卸流程简介。

第一步：分开动模、定模部分。

首先，单击拆装实验工具条中的“自主拆卸”按钮，进入自主拆卸的界面，在工具选择窗口中选择铜棒，将动模、定模部分分开，如图4-2所示。注意：此处需分别单击定模板和动模板。

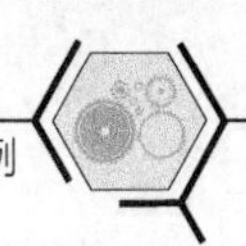

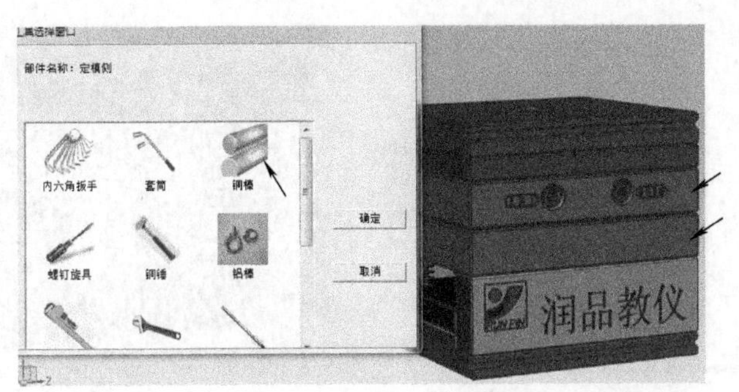

图4-2　分开动模、定模部分

定模部分主要零部件的拆卸流程如下。

第二步：拆定模板内的限位螺钉和快速接头。

单击定模板内的两个螺钉，在工具选择窗口中选择内六角扳手，卸下限位螺钉，取下定模板，如图4-3a所示。单击定模板内的快速接头，在工具选择窗口中选择内六角扳手，拆下快速接头，并将定模板移至合适的位置，如图4-3b所示。

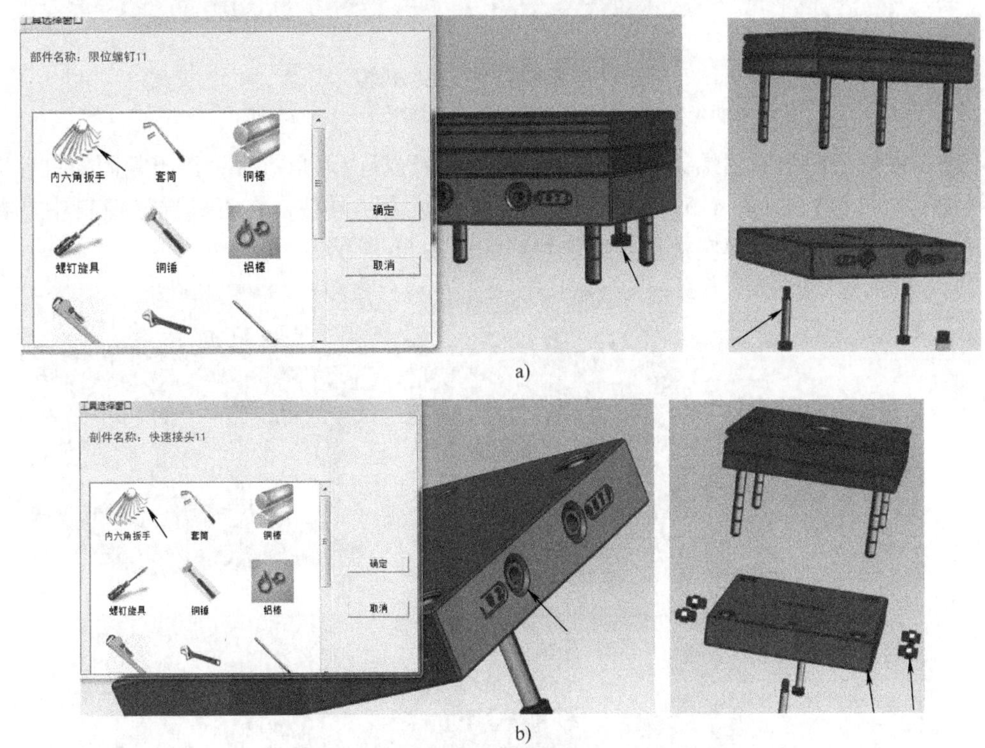

图4-3　拆定模板内的限位螺钉、快速接头

a）拆定模板内的限位螺钉　b）拆快速接头、移动定模板

第三步：拆浇口套、拉料机构（拉料杆、螺塞）。

单击定模座板内的浇口套，在工具选择窗口中选择铜棒，拆下浇口套，如图4-4a所示。单击定模座板内拉料机构中的螺塞，在工具选择窗口中选择内六角扳手，拆下拉料机构中的螺塞，并取出拉料杆，如图4-4b所示。

第四步：拆定模座板内的紧固螺钉、导柱。

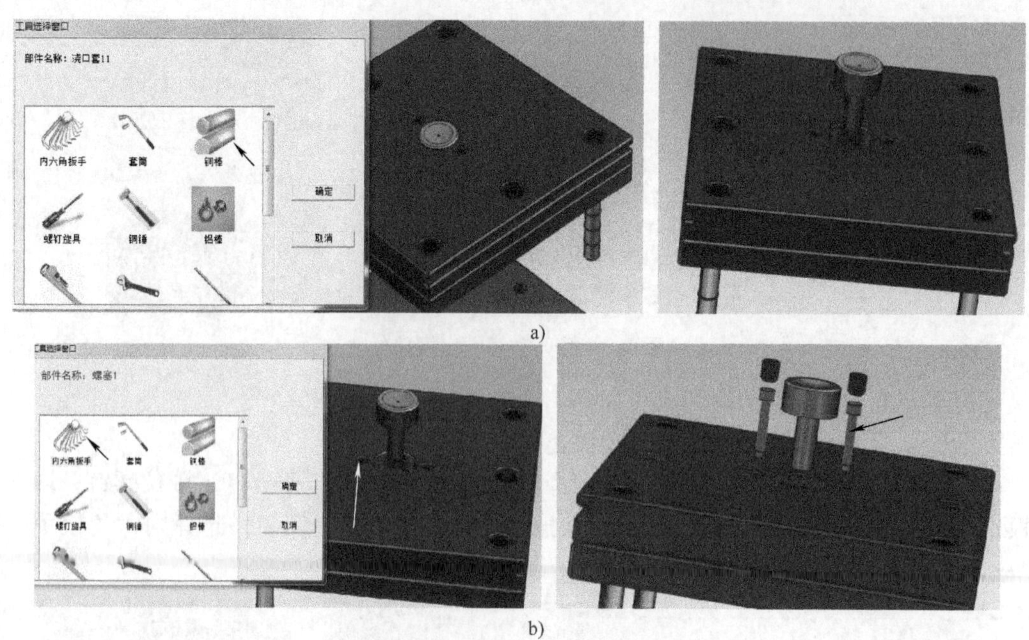

图 4-4　拆浇口套、拉料机构

a）拆定模座板内的浇口套　b）拆螺塞（堵头）、拉料杆

单击定模座板内的紧固螺钉，在工具选择窗口中选择内六角扳手，拆出紧固螺钉，取出脱凝料板（水口板），如图 4-5a 所示。单击定模座板内的导柱，在工具选择窗口中选择铜棒，拆出导柱，并移动定模座板至合适位置，如图 4-5b 所示。

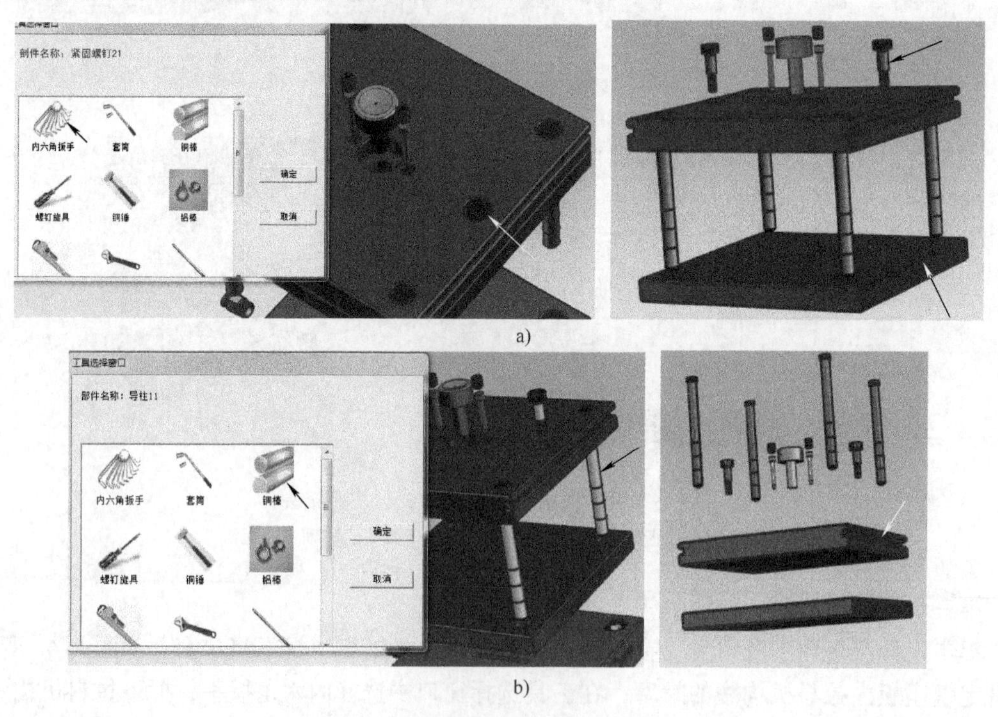

图 4-5　拆定模座板内的螺钉、导柱

a）拆定模座板内的紧固螺钉　b）拆导柱

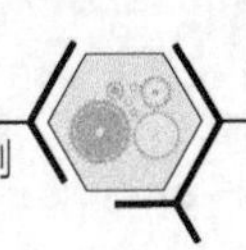

此时，定模部分拆卸完毕，如图 4-6 所示。

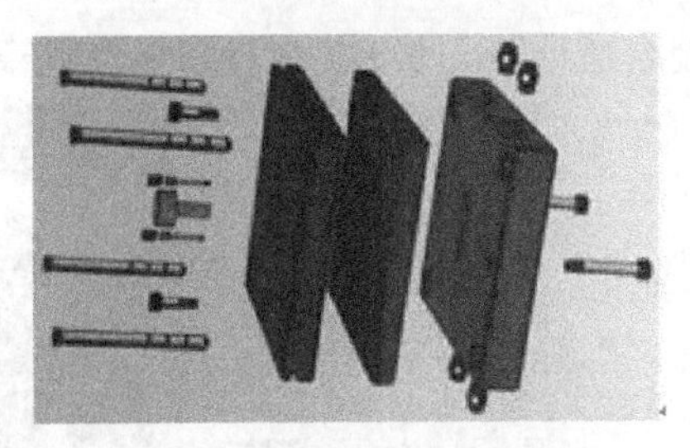

图 4-6　定模部分拆卸完毕

动模部分主要零部件的拆卸流程如下。

第五步：拆锁模扣、动模座板内的紧固长螺钉、短螺钉。

单击动模板内的锁模扣，在工具选择窗口中选择内六角扳手，拆下锁模扣，如图 4-7a 所示。单击动模座板底部的长螺钉，在工具选择窗口中选择内六角扳手和套筒，拆下动模座板紧固长螺钉，如图 4-7b 所示。单击动模座板底部的短螺钉，在工具选择窗口中选择内六角扳手，拆下动模座板紧固短螺钉，并取下动模座板、模脚，如图 4-7c 所示。

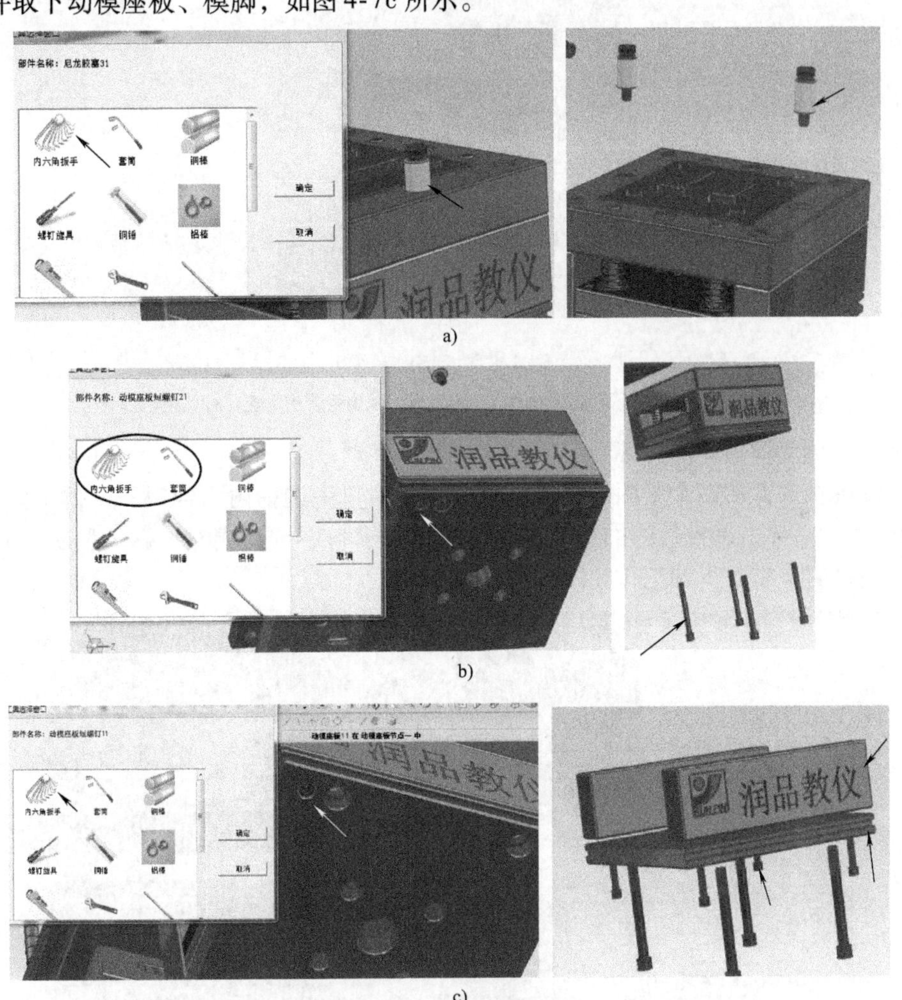

图 4-7　拆动模座板内的紧固长、短螺钉及锁模扣

a）拆锁模扣　b）拆紧固长螺钉　c）拆紧固短螺钉、动模座板、模脚

第六步：拆顶出系统，包括顶针底板、顶针固定板、顶针、复位杆和复位弹簧。

单击顶出系统中顶针底板内的四个紧固螺钉，在工具选择窗口中选择内六角扳手，拆紧固螺钉，取出顶针底板、顶针，如图 4-8a 所示。取出顶针固定板组件，并移动动模板组件至合适位置。取出复位杆、复位弹簧，移动顶针固定板至合适位置，如图 4-8b 所示。

a)

b)

图 4-8　拆顶出系统

a）拆顶出系统顶针底板的紧固螺钉　b）取出顶出系统中的复位杆、复位弹簧

第七步：拆动模板内的型芯。

单击动模板底部的四个紧固螺钉，在工具选择窗口中选择内六角扳手，拆下紧固螺钉，如图 4-9a 所示。单击动模板内的型芯，在工具选择窗口中选择铜棒，拆下型芯，并将动模板移至合适位置，整个拆卸工作完毕，如图 4-9b 所示。

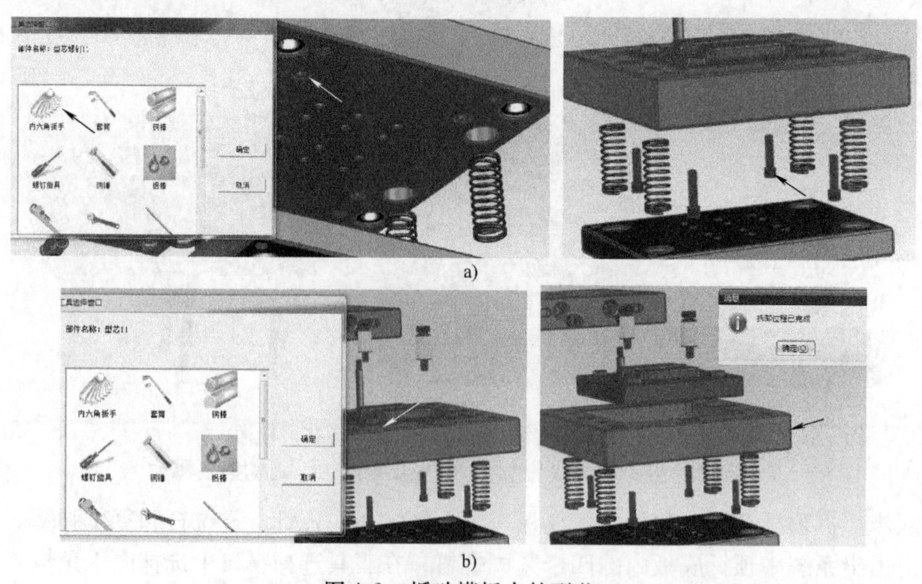

a)

b)

图 4-9　拆动模板内的型芯

a）拆动模板底部的紧固螺钉　b）拆型芯、移动动模板

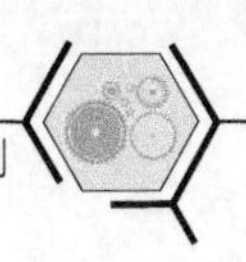

细水口注塑模拆卸完毕后的状态如图4-10所示。

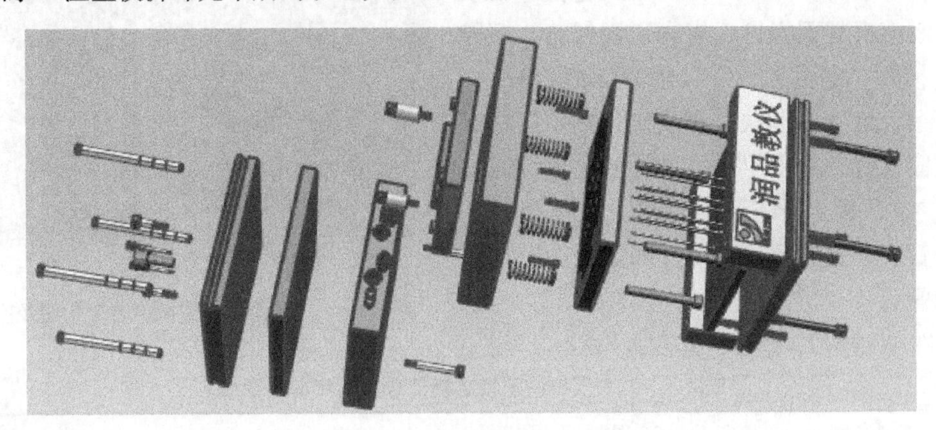

图4-10　细水口注塑模拆卸完毕的状态

4.1.2　细水口注塑模虚拟拆卸及装配训练

在了解了上述细水口注塑模的拆卸步骤后，可以结合视频自己动手练习。为了能熟练掌握细水口注塑模的拆卸、装配步骤，请至少练习三次，并将拆装过程中遇到的问题，记录在表4-3中。在实际学习操作过程中，如遇到问题，可扫描右面的二维码，参考细水口注塑模虚拟拆卸视频进行学习操作。

表4-3　细水口注塑模虚拟拆装记录

姓　名	练习次数	模具类型	遇到的问题	总时间	备　注

4.2　二次顶出注塑模的虚拟拆卸

4.2.1　二次顶出注塑模的结构认知

有些形状特殊的塑件，在一次脱模推出后，塑件仍难以从型腔中取出，必须增加一次脱模推出动作，才能使塑件顺利脱模。同时，为避免一次脱模推出致使塑件受力过大，通常采用二次脱模推出。图4-11所示为某盒形件的二次顶出注塑模三维结构图。该模具采用一模一腔布置方式，二次顶出机构是由固定在动模部分的摆块和推杆组成的。

1. 二次顶出注塑模的主要零部件认知

定模部分（表4-4）主要包括：定模座板、浇口套、定模座板紧固螺钉、定模板、快速

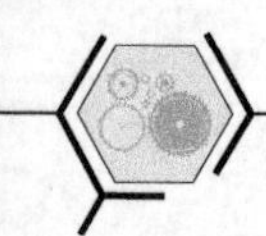

接头等。动模部分（表4-5）主要包括：动模座板、动模板紧固螺钉、模脚紧固螺钉、模脚组件（模脚、定位轴、定位轴紧固螺钉）、一次顶出摆块组件（摆块、摆块定位轴、摆块定位轴紧固螺钉、紧固螺钉、顶针板、顶针固定板）、二次顶出系统（上复位杆、下复位杆及复位弹簧、上顶针板、上顶针固定板、上顶针板紧固螺钉、复位弹簧、顶针、成型顶针）、动模板组件（动模板、型芯、型芯紧固螺钉）等。

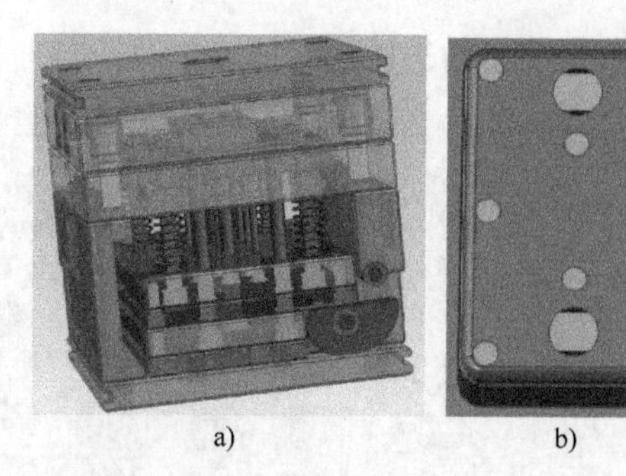

图4-11　二次顶出注塑模三维结构图及产品
a）三维结构图　b）产品

表4-4　二次顶出注塑模定模部分主要零部件明细

序号	零件名称	3D图	功用	备注
1	定模座板		把定模部分固定在注塑机上	侧面开设码模槽
2	浇口套		作为浇注系统的主流道	便于更换和维修
3	定模座板紧固螺钉		用于联接定模座板与型腔板	
4	定模板（型腔板）		用于成型零件外表面	
5	快速接头		用于连接水路	

表 4-5　二次顶出注塑模动模部分主要零部件明细

序号	零件名称	3D 图	功用	备注
1	动模座板		把动模部分固定在注塑机上	侧面开设码模槽
2	动模板紧固螺钉		联接动模座板、模脚和动模板	
3	模脚紧固螺钉		联接动模座板与模脚	
4	模脚组件			组件
			支承动模板，产生一个空间，放置顶出系统	模脚
			控制摆块的运动	定位轴
			用于固定定位轴	定位轴紧固螺钉
5	一次顶出摆块组件			组件
			实现一次顶出	摆块

（续）

序号	零件名称	3D 图	功用	备注
5	一次顶出摆块组件		用于摆块摆动	摆块定位轴
			固定联接摆块及一次顶针固定板	摆块定位轴紧固螺钉
			两板共同作用，用于摆块的一次顶出	一次顶针板
				一次顶针固定板
			联接一次顶针板及顶针固定板	紧固螺钉
6	二次顶出系统			组件
			两板共同作用，用于固定顶针等零件	上顶针板
				上顶针固定板

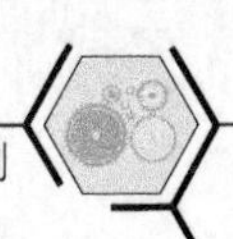

（续）

序号	零件名称	3D 图	功用	备注
6	二次顶出系统		联接上顶针板及顶针固定板	上顶针板紧固螺钉
			用于顶针顶出复位	下复位杆及复位弹簧
			用于摆块顶出复位	上复位杆
			用于成形产品结构	成形顶针
			用于顶出塑件	顶针
7	动模板组件			组件
			用于放置型芯	动模板
			将型芯固定在动模板内	型芯紧固螺钉

（续）

序号	零件名称	3D 图	功用	备注
7	动模板 组件		与型腔配合成型塑件	型芯

2. 二次顶出注塑模虚拟拆卸流程简介

接下来借助润品模具虚拟实验室平台，介绍该二次顶出注塑模虚拟拆卸的全流程。由于模具的拆、装过程是互逆的，此处主要介绍模具拆卸的全流程，装配过程就是拆卸顺序的倒置。

1）打开 UG 软件，单击模具虚拟实验室，选择注塑模中的 002 二次顶出，将二次顶出注塑模装配件加载到工作界面。

2）二次顶出注塑模详细拆卸流程简介。

第一步：分开动模、定模部分。

首先，单击拆装实验工具条中的“自主拆卸”按钮，进入自主拆卸的界面。在工具选择窗口中选择铜棒，将动模、定模部分分开，如图 4-12 所示。注意：此处需分别单击定模板和动模板。

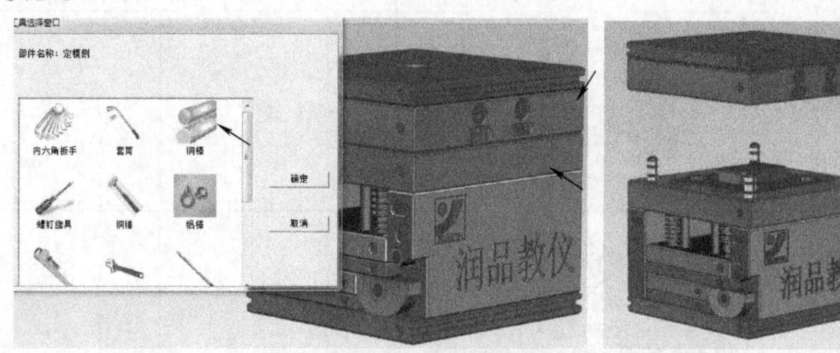

图 4-12　分开动、定模

定模部分主要零部件的拆卸流程如下。

第二步：拆定模座板内的浇口套、紧固螺钉。

单击定模座板内的浇口套，在工具选择窗口中选择铜棒，拆下浇口套，如图 4-13a 所示。单击定模座板内的四个内六角圆柱头螺钉，在工具选择窗口中选择内六角扳手，拆下定模座板紧固螺钉，取下定模座板，如图 4-13b 所示。

第三步：拆定模板（型腔板）内的快速接头。

单击定模板内的快速接头，在工具选择窗口中选择内六角扳手，拆下快速接头，并移动定模板至合适位置，如图 4-14 所示。

此时，定模部分拆卸完毕。

动模部分主要零部件的拆卸流程如下。

第四步：拆摆块组件，包括摆块、摆块定位轴和螺钉。

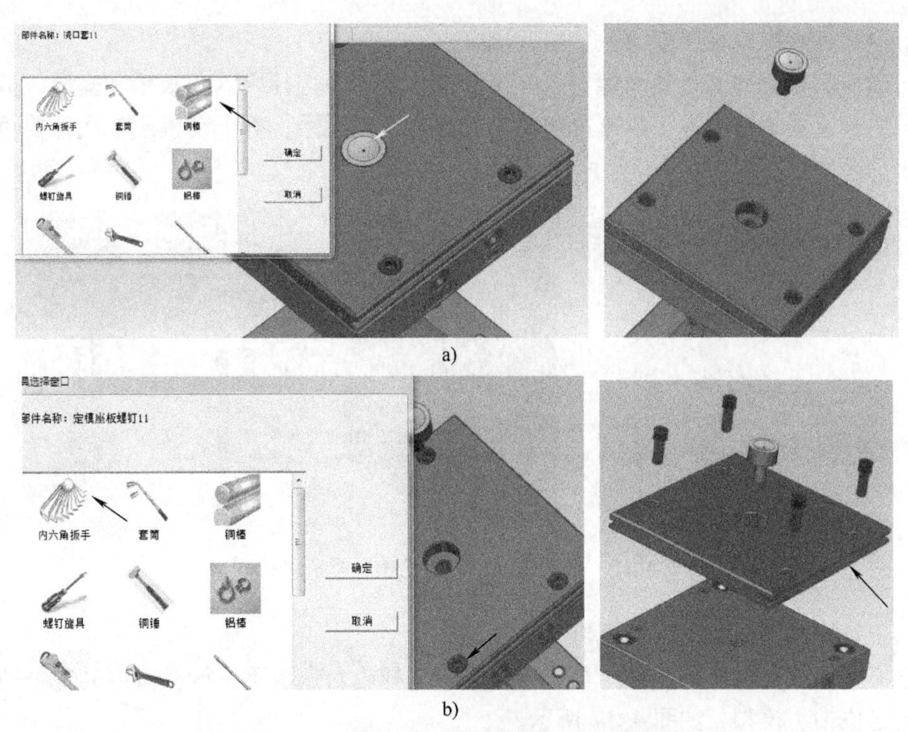

a)

b)

图 4-13　拆定模座板内的浇口套、紧固螺钉

a）拆浇口套　b）拆定模座板紧固螺钉

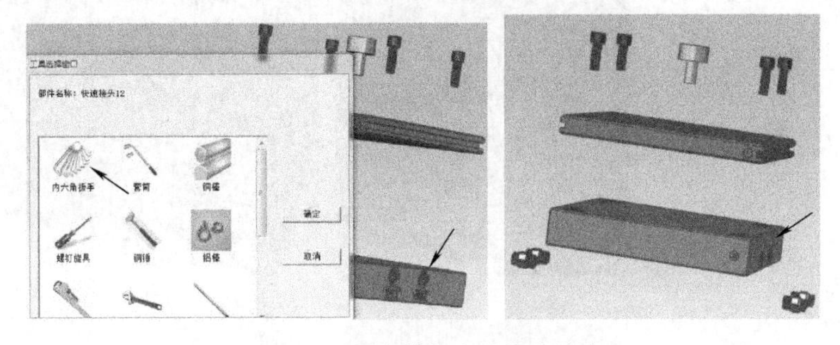

图 4-14　拆定模板内的快速接头

单击摆块组件中的紧固螺钉，在工具选择窗口中选择内六角扳手，拆下摆块定位轴紧固螺钉，并取下摆块定位轴、摆块，如图 4-15 所示。

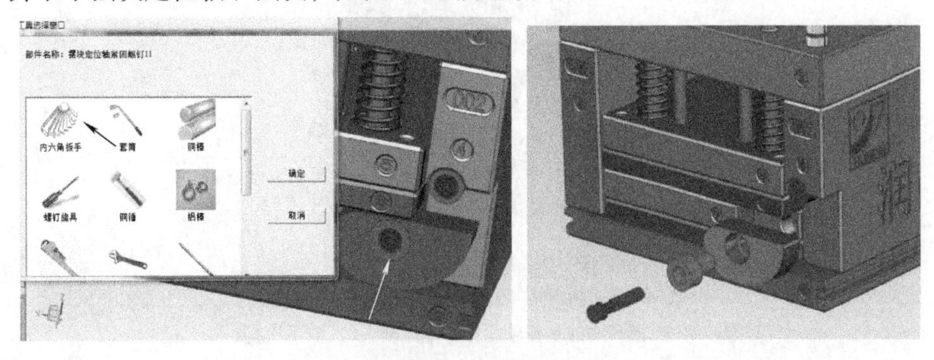

图 4-15　拆摆块组件

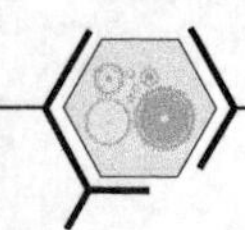

第五步：拆动模座板底部的长、短紧固螺钉。

单击动模座板底部的长紧固螺钉，在工具选择窗口中选择内六角扳手和套筒，拆下动模座板底部的长紧固螺钉。在工具选择窗口中选择内六角扳手，拆下动模座板底部的短紧固螺钉，取出动模座板，如图 4-16 所示。

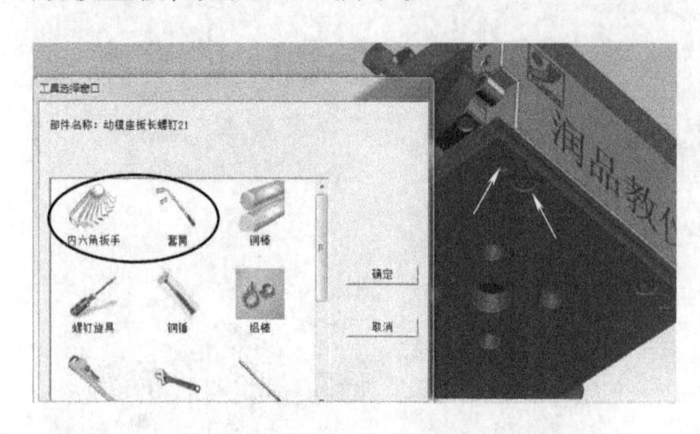

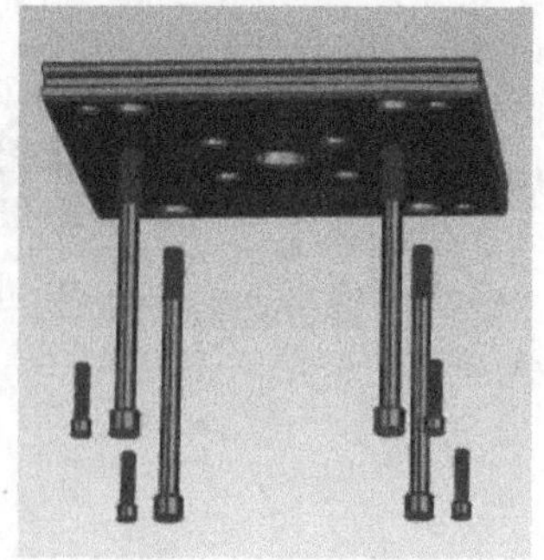

图 4-16　拆动模座板底部的长、短紧固螺钉

第六步：拆模脚内的定位轴螺钉、定位轴。

单击模脚内定位轴螺钉，在工具选择窗口中选择内六角扳手，拆模脚内的定位轴紧固螺钉，取出定位轴、模脚，如图 4-17 所示。

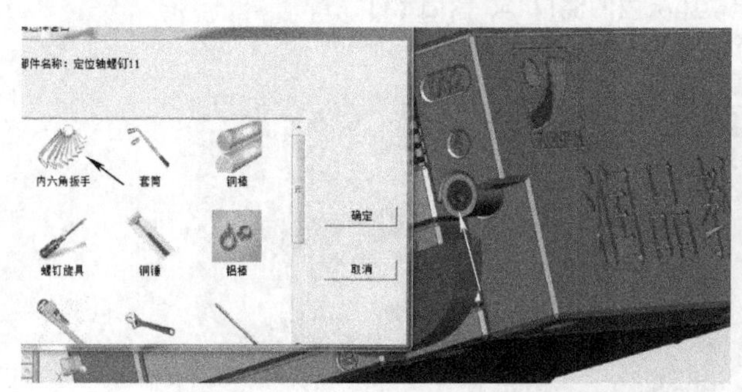

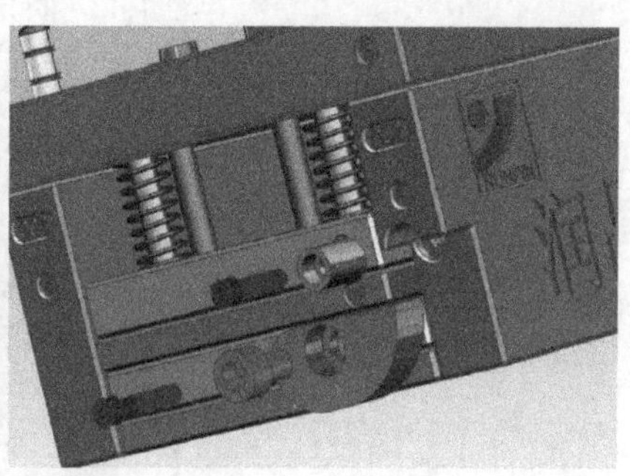

a)

b)

图 4-17　拆模脚内的定位轴螺钉、定位轴

a）拆模脚内的定位轴螺钉、定位轴　b）取下模脚

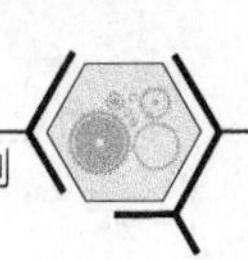

第七步：拆一次顶针板、一次顶针固定板、成型顶针、上复位杆。

单击一次顶针板内的四个紧固螺钉，在工具选择窗口中选择内六角扳手，拆一次顶针板内的紧固螺钉，取出一次顶针固定板、成型顶针、上复位杆，如图 4-18 所示。

图 4-18　拆一次顶针板内的紧固螺钉

第八步：拆上顶针板内的紧固螺钉。

单击上顶针板内的四个紧固螺钉，在工具选择窗口中选择内六角扳手，拆上顶针板内的紧固螺钉，取出上顶针板、顶针、上顶针固定板组件，如图 4-19 所示。

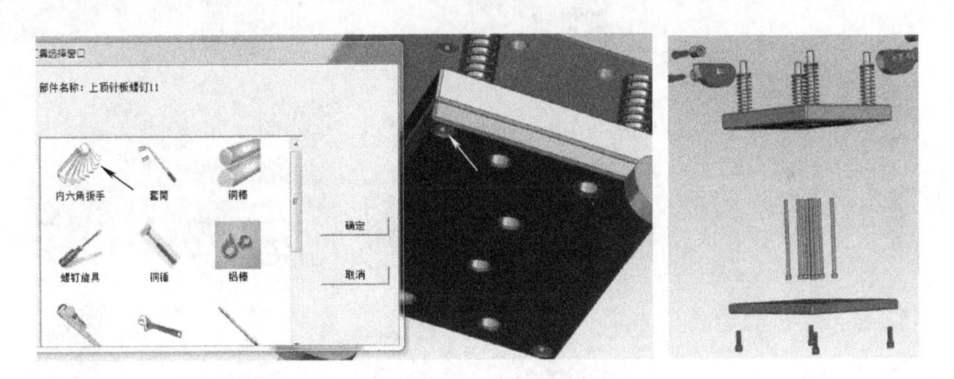

图 4-19　拆上顶针板内的紧固螺钉

第九步：拆动模板组件，拆下动模板、型芯、导柱。

将动模板组件移至合适位置，取出顶出复位弹簧、下复位杆，并将上顶针固定板移至合适位置，如图 4-20a 所示。单击动模板内的四个紧固螺钉，在工具选择窗口中选择内六角扳手，拆动模板内型芯的紧固螺钉，如图 4-20b 所示。单击动模板内的型芯，在工具选择窗口中选择铜棒，拆下型芯，如图 4-20c 所示。单击动模板内的导柱，在工具选择窗口中选择铜棒，拆下导柱，如图 4-20d 所示。

将动模板移至合适的位置，整个模具拆卸完毕，如图 4-21 所示。

4.2.2　二次顶出注塑模虚拟拆卸及装配训练

在了解了上述二次顶出注塑模的拆卸步骤后，可以结合视频自己动手练习。为了能熟练

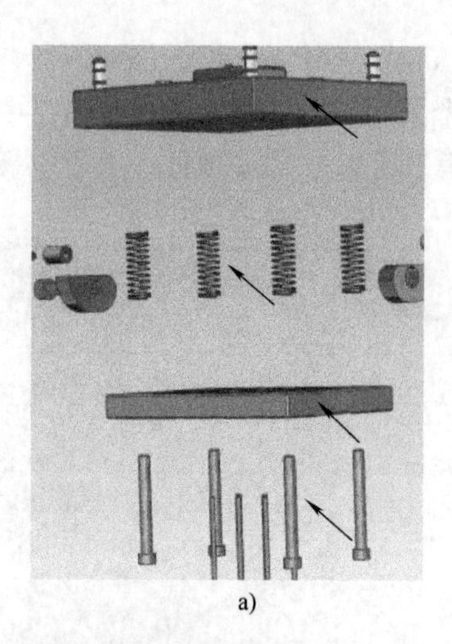

a)

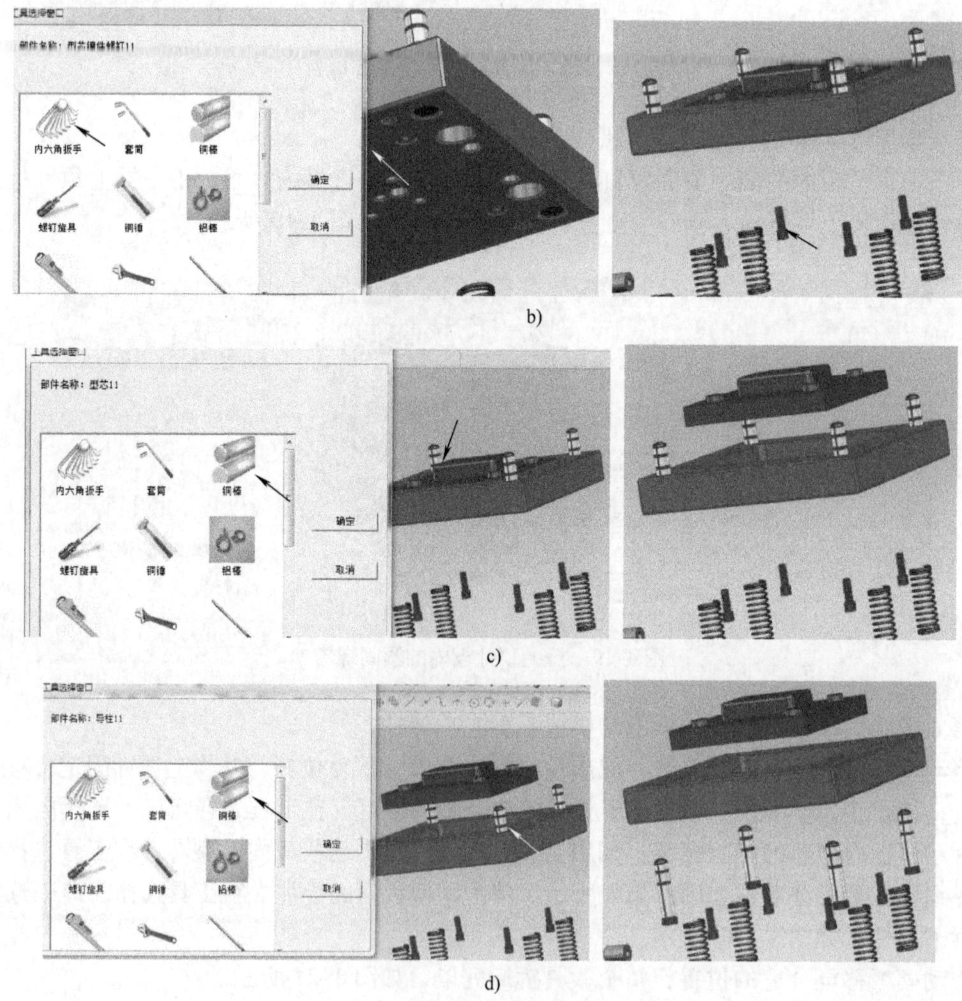

b)

c)

d)

图 4-20　拆动模板组件

a）取出顶出复位弹簧、下复位杆、上顶针固定板　b）拆动模板内型芯的紧固螺钉

c）拆动模板内的型芯　d）拆动模板内的导柱

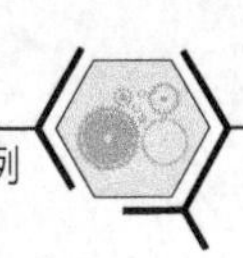

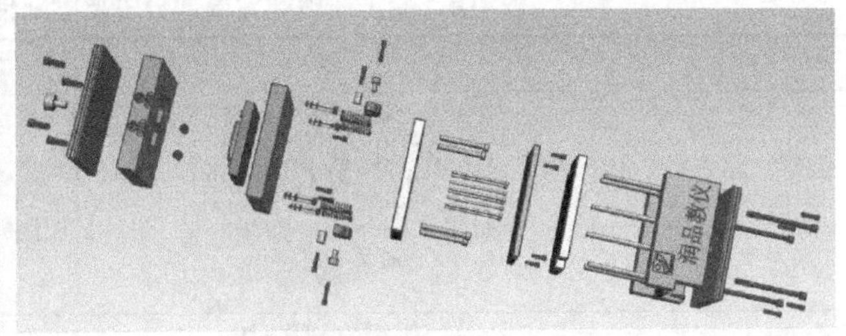

图 4-21　二次顶出注塑模拆卸完毕

掌握二次顶出注塑模的拆卸、装配步骤，请至少练习三次，并将拆装过程中遇到的问题，记录在表（可参考表 4-3 的内容）中。在实际学习操作过程中，如遇到问题，可扫描右面的二维码，参考二次顶出注塑模虚拟拆卸视频进行学习操作。

4.3　哈夫注塑模的虚拟拆卸

4.3.1　哈夫注塑模的结构认知

图 4-22 所示为某塑件的哈夫注塑模三维结构图。该模具将型腔板内的滑块做成两半拼合结构，滑块的行程由两侧的限位块、滑块内部的限位弹簧来控制。采用推杆推出形式。

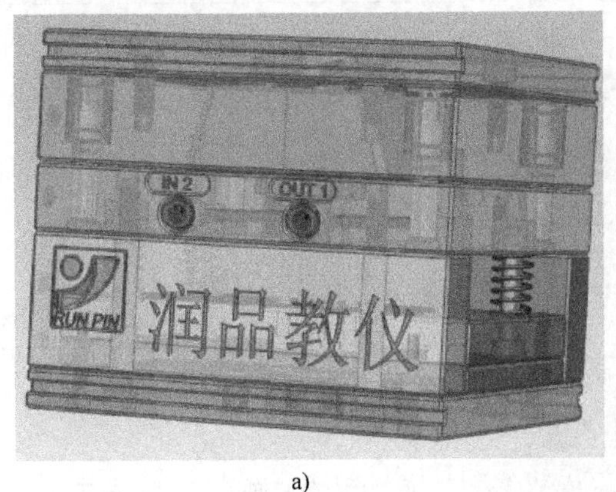

a)

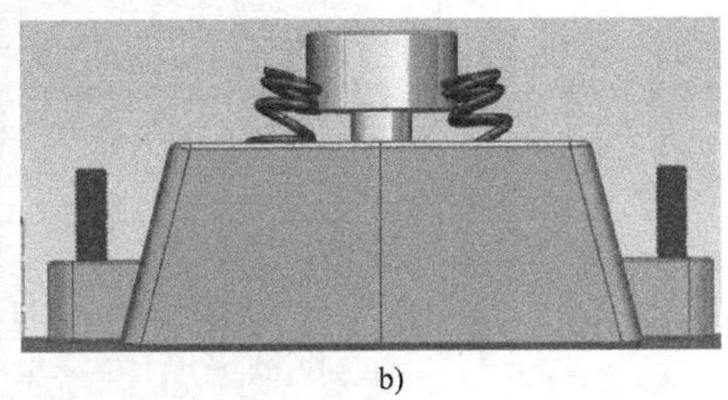

b)

图 4-22　哈夫注塑模三维结构图

a）哈夫模三维结构　b）哈夫滑块机构

1. 哈夫注塑模的主要零部件认知

定模部分（表 4-6）主要包括：定模座板、浇口套、定模板、型腔紧固螺钉、哈夫滑块机构（哈夫滑块、滑块限位弹簧、限位块、限位块螺钉）等。动模部分（表 4-7）主要包括：动模座板、动模板长紧固螺钉、模脚、模脚短紧固螺钉、推杆推出机构［顶针（推杆）、顶针垫板、顶针固定板、顶针垫板紧固螺钉复位杆及弹簧］、动模板组件（动模板、型芯、导柱、快速接头、型芯紧固螺钉）等。

表 4-6　哈夫注塑模定模部分主要零部件明细

序号	零件名称	3D 图	功用	备注
1	定模座板		把定模部分固定在注塑机上	侧面开设码模槽
2	浇口套		作为浇注系统的主流道	便于更换和维修
3	定模板（型腔）		用于放置型腔，该处做成整体式，以增强强度	
4	型腔紧固螺钉		联接定模座板与型腔	
5	哈夫滑块机构			组件
		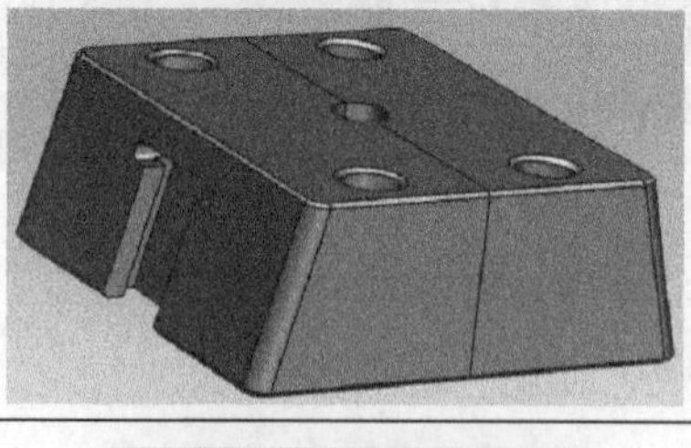	成型产品外表面	哈夫滑块
		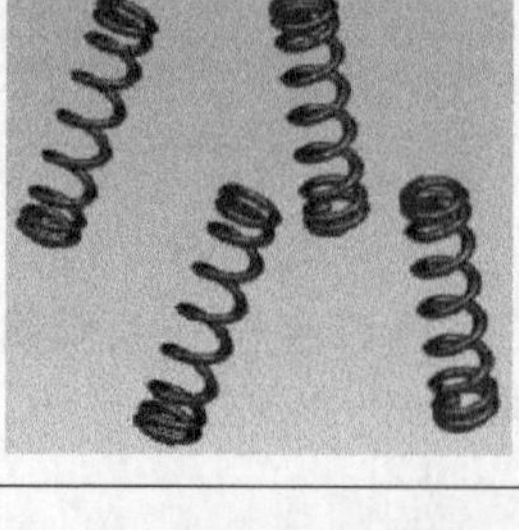	提供弹力	滑块限位弹簧

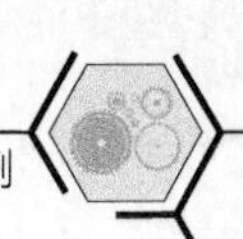

（续）

序号	零件名称	3D图	功用	备注
5	哈夫滑块机构		限制滑块的行程	限位块
			用于限位块的固定	限位块螺钉

表4-7 哈夫注塑模动模部分主要零部件明细

序号	零件名称	3D图	功用	备注
1	动模座板		把动模部分固定在注塑机上	
2	动模板长紧固螺钉		联接动模座板、模脚和动模板	
3	模脚短紧固螺钉		联接动模座板和模脚	
4	模脚		支承动模板，产生一个空间，放置顶出系统	
5	推杆推出机构			组件
			两块板共同作用，用来固定顶针等零件	顶针垫板
				顶针固定板

（续）

序号	零件名称	3D图	功用	备注
5	推杆推出机构		用于联接顶针固定板、顶针垫板	顶针垫板紧固螺钉
			使顶出系统先复位	复位杆及弹簧
		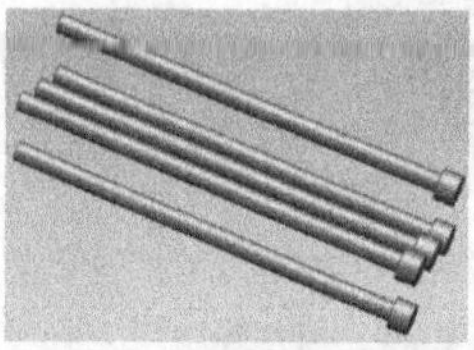	顶出产品	顶针（推杆）
6	动模板组件	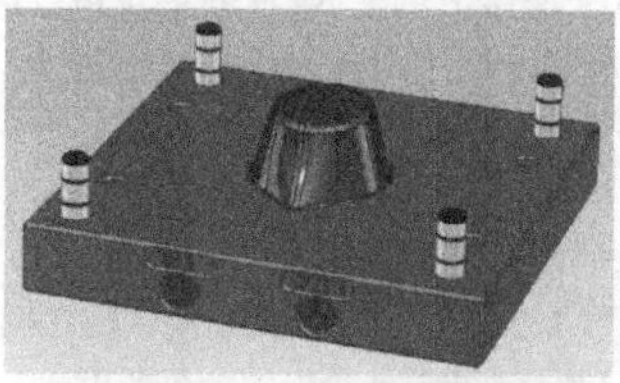		组件
			用于放型芯	动模板
			用于水路连接	快速接头
			用于成型产品内表面	型芯

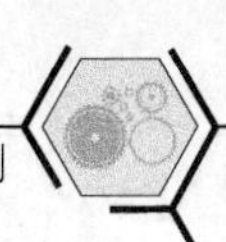

（续）

序号	零件名称	3D图	功用	备注
6	动模板组件		将型芯固定在动模板上	型芯紧固螺钉
			对定模板、动模板进行导向	导柱

2. 哈夫注塑模虚拟拆卸流程简介

接下来借助润品模具虚拟实验室平台，介绍该哈夫注塑模虚拟拆卸的全流程。由于模具的拆、装过程是互逆的，此处主要介绍模具拆卸的全流程，装配过程就是拆卸顺序的倒置。

1）打开UG软件，单击模具虚拟实验室，选择注塑模中的003哈夫模，将哈夫注塑模装配件加载到工作界面。

2）哈夫注塑模详细拆卸流程简介。

第一步：分开动模、定模部分。

首先，单击拆装实验工具条中的“自主拆卸”按钮，进入自主拆卸的界面，在工具选择窗口中选择铜棒，将动模、定模部分分开，如图4-23所示。注意：此处需分别单击定模板和动模板。

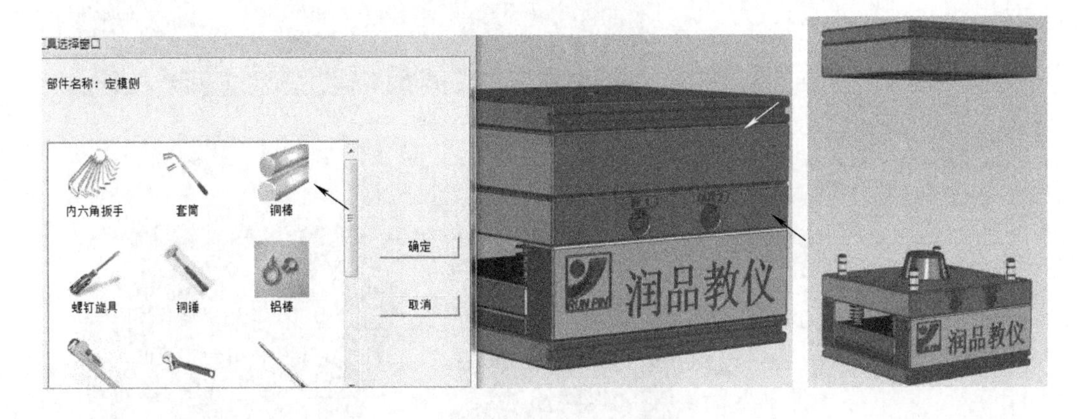

图4-23　分开动模、定模

定模部分主要零部件的拆卸流程如下。

第二步：拆型腔内的滑块机构，包括限位块、滑块、弹簧、螺钉。

首先，单击型腔内的两个限位块螺钉，在工具选择窗口中选择内六角扳手，拆下限位块螺钉，取下限位块、滑块、滑块限位弹簧，如图4-24所示。

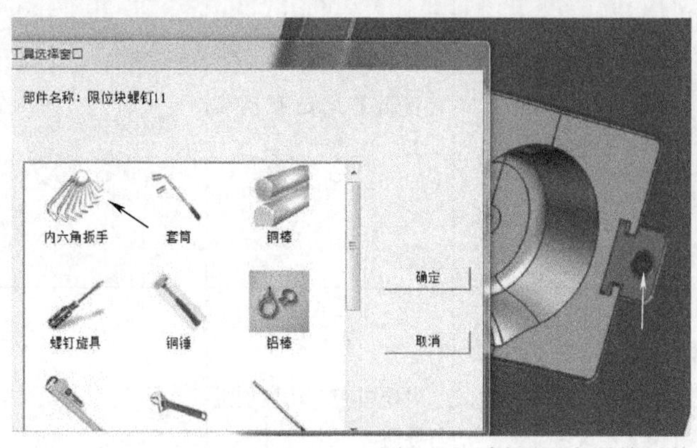

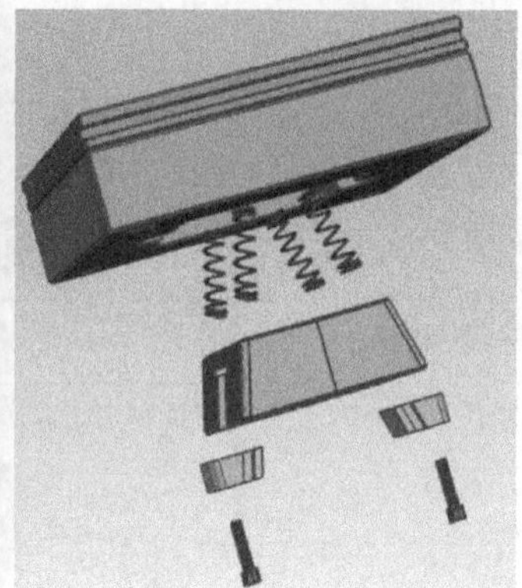

图4-24　拆型腔内滑块机构

第三步：拆浇口套、定模座内紧固螺钉。

单击定模座板内的浇口套，在工具选择窗口中选择铜棒，拆下浇口套，如图4-25a所示。单击定模座板内的四个内六角圆柱头螺钉，在工具选择窗口中选择内六角扳手，拆下内六角圆柱头螺钉，如图4-25b所示。取出定模座板，并将型腔移至合适位置。此时，定模部分拆卸完毕，如图4-25c所示。

动模部分主要零部件的拆卸流程如下。

第四步：拆动模座板内的长紧固螺钉、短紧固螺钉。

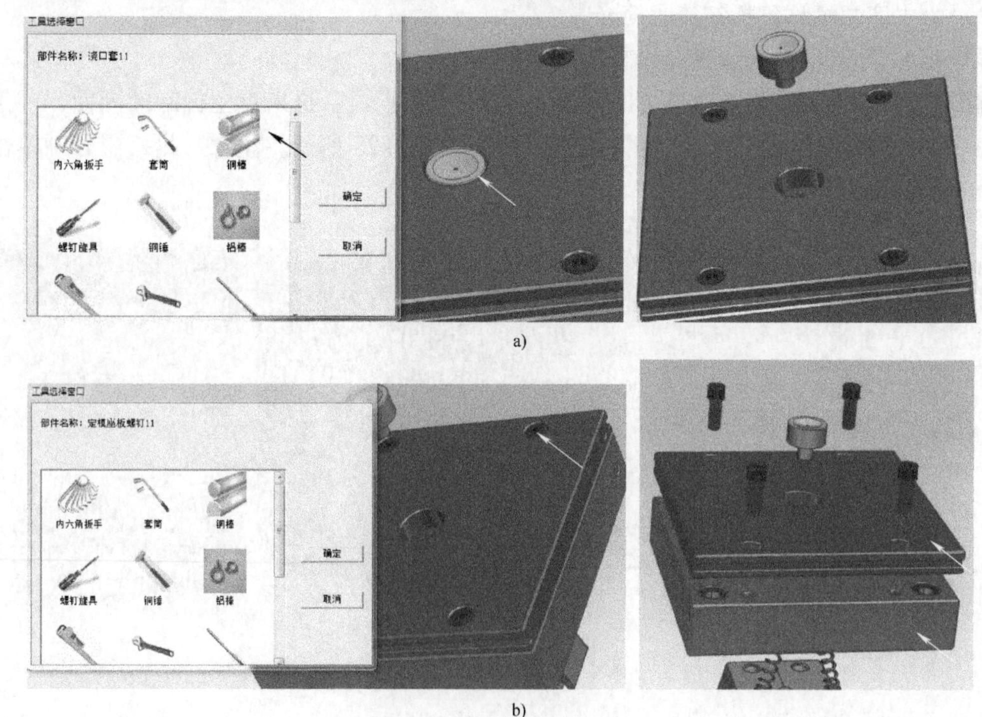

图4-25　拆浇口套、螺钉

a）拆浇口套　b）拆定模座板内的内六角圆柱头螺钉

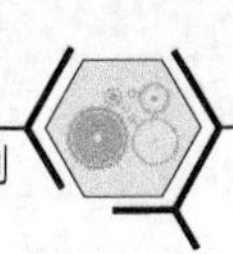

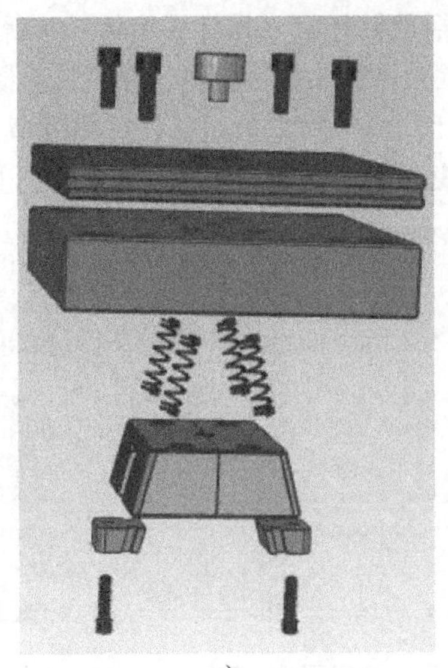

c)

图 4-25　拆浇口套、螺钉（续）

c）定模部分拆卸完毕

单击动模座板内的长紧固螺钉，在工具选择窗口中选择内六角扳手，拆下长紧固螺钉，如图 4-26a 所示。单击动模座板内的短紧固螺钉，在工具选择窗口中选择内六角扳手，拆下短紧固螺钉，取下动模座板、模脚，如图 4-26b 所示。

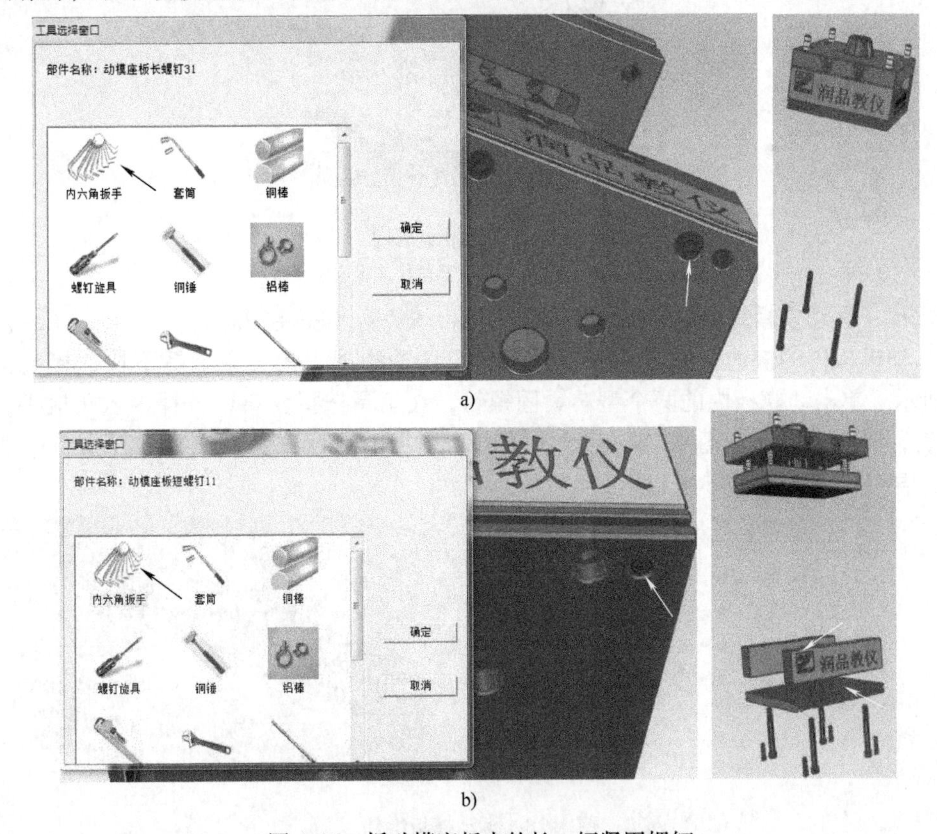

a)

b)

图 4-26　拆动模座板内的长、短紧固螺钉

a）拆动模座板内的长紧固螺钉　b）拆动模座板内的短紧固螺钉

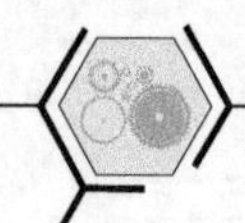

第五步：拆推出机构，包括顶针垫板、顶针固定板、顶针、复位杆、复位弹簧、螺钉。

单击顶针垫板内的四个内六角圆柱头紧固螺钉，在工具选择窗口中选择内六角扳手，拆下紧固螺钉，取出顶针垫板、顶针、顶针固定板组件，并将动模板组件移至合适的位置，如图4-27a所示。取下复位杆弹簧、复位杆，并将顶针固定板移至合适的位置，如图4-27b 所示。

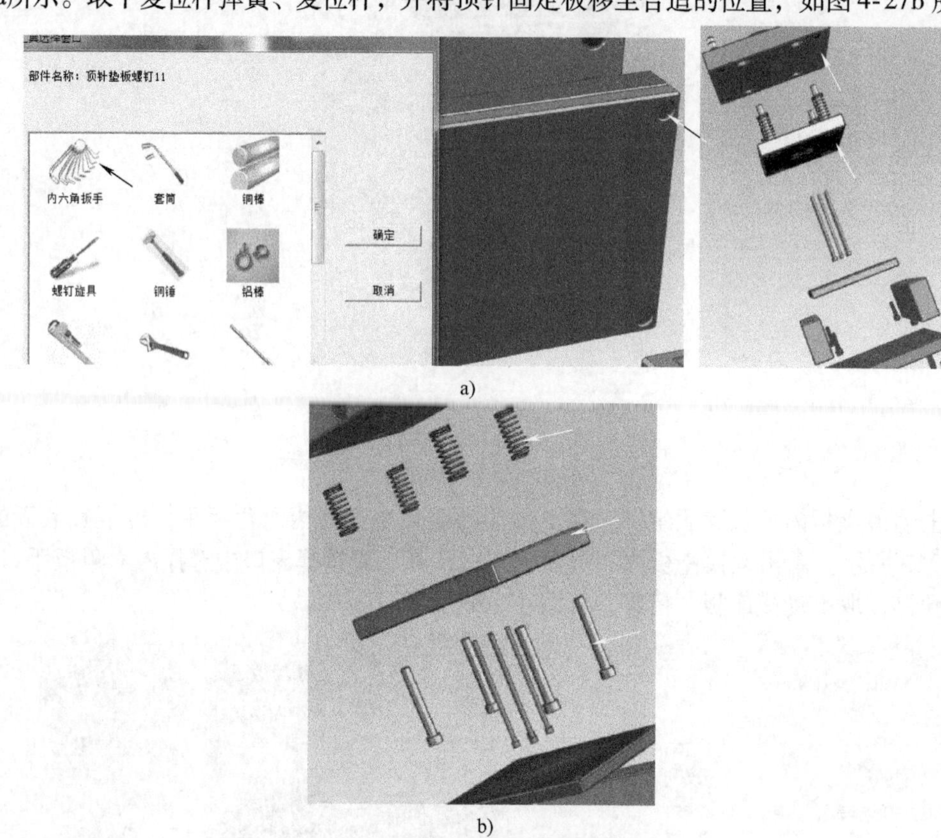

a)

b)

图4-27 拆推出机构

a）拆紧固螺钉 b）取下复位杆、复位杆弹簧

第六步：拆动模板组件，包括动模板、型芯、螺钉、快速接头。

单击动模板内的快速接头，在工具选择窗口中选择内六角扳手，拆下快速接头，如图4-28a 所示。单击动模板内的两个型芯紧固螺钉，在工具选择窗口中选择内六角扳手，拆下紧固螺钉，取出型芯，如图4-28b 所示。单击动模板内的导柱，在工具选择窗口中选择铜棒，拆下导柱，如图4-28c 所示。

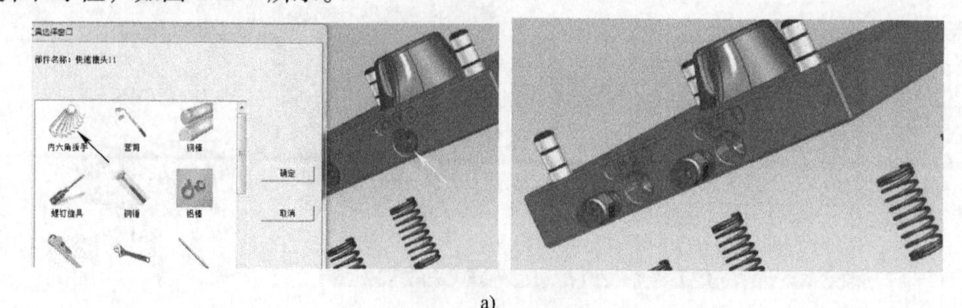

a)

图4-28 拆动模板组件

a）拆快速接头

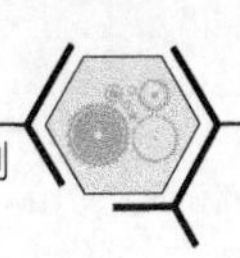

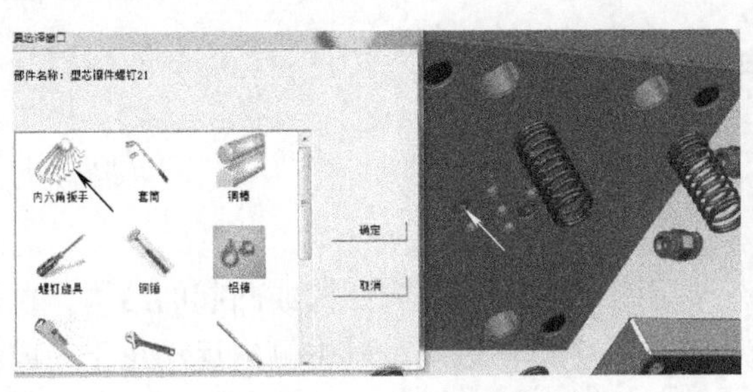

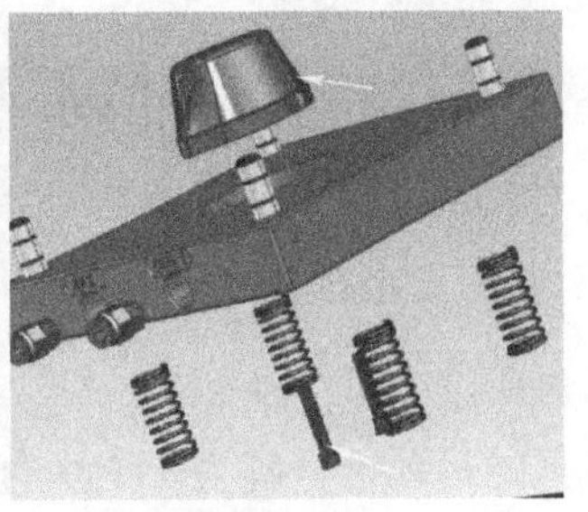

b)

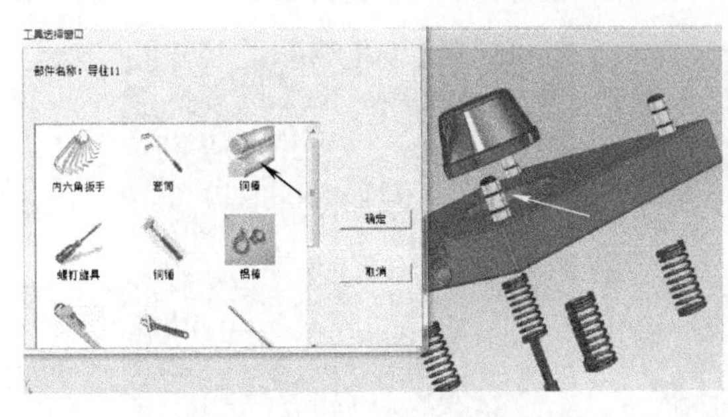

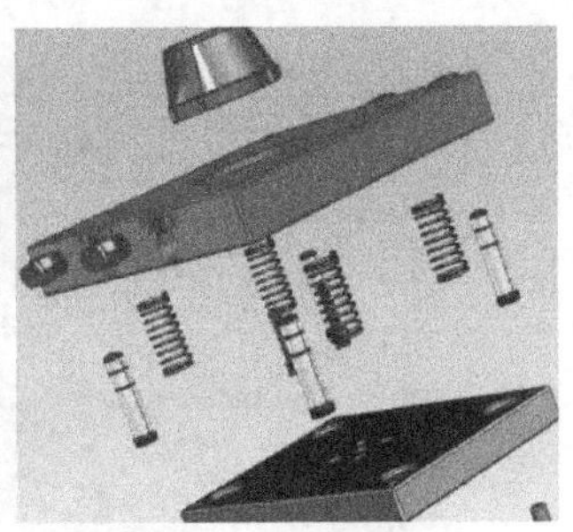

c)

图4-28　拆动模板组件（续）
b）拆型芯紧固螺钉　c）拆动模板内的导柱

将动模板移至合适位置，哈夫模整个拆卸过程完成，如图4-29所示。

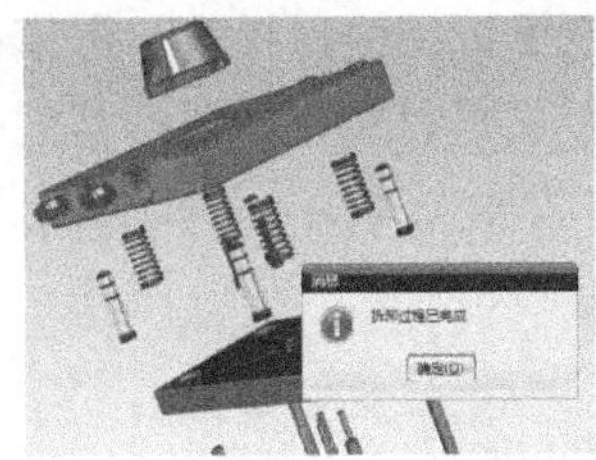

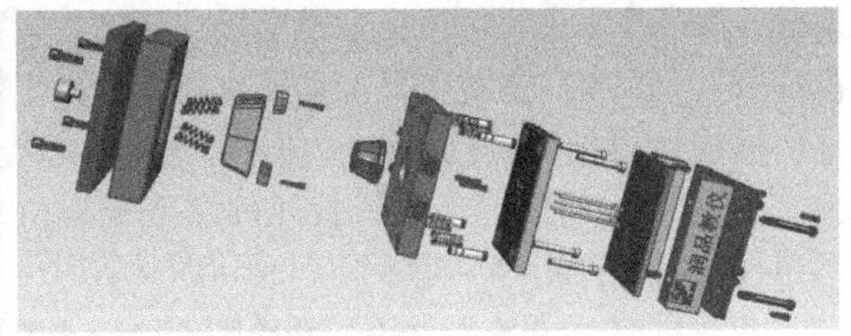

图4-29　哈夫模拆卸完毕

4.3.2　哈夫注塑模虚拟拆卸及装配训练

在了解了上述哈夫注塑模的拆卸步骤后，可以结合视频自己动手练习。为了能熟练掌握哈夫注塑模的拆卸、装配步骤，请至少练习三次，并将拆装过程中遇到的问题，记录在表（可参考表4-3的内容）中。在实际学习操作过程中，如遇到问题，可扫描右面的二维码，参考哈夫注塑模虚拟拆卸视频进行学习操作。

4.4 斜顶注塑模的虚拟拆卸

4.4.1 斜顶注塑模的结构认知

斜顶机构是常见的抽芯机构之一，常用于制件内侧面有凹槽或凸起的结构。在推出的过程中，斜顶的运动可分解为一个垂直运动和一个侧向运动，其中侧向运动用于完成倒扣位置的成型，垂直运动则具有和顶针相同作用的顶出制件的功能。斜顶通常由三部分组成：成型部分、定位部分和导向部分。图4-30所示为某塑件的斜顶注塑模三维结构图。

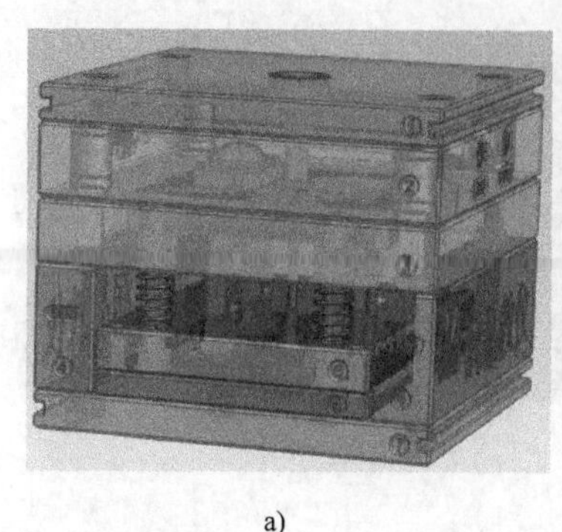
a)

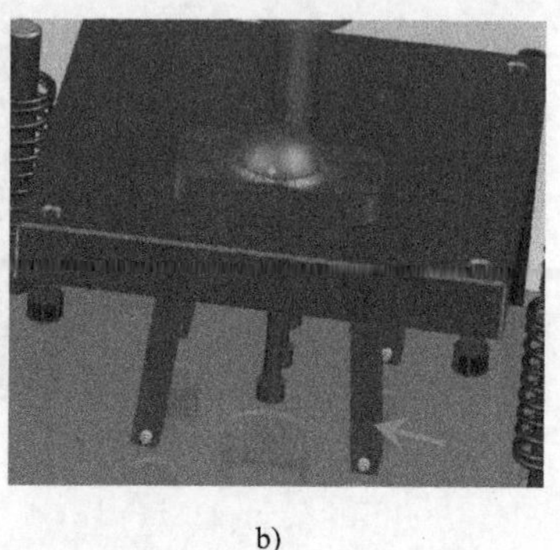
b)

图4-30　斜顶注塑模三维结构图
a）三维结构图　b）斜顶机构

1. 斜顶注塑模的主要零部件认知

定模部分（表4-8）主要包括：定模座板、浇口套、定模板、快速接头、定模板紧固螺钉等。动模部分（表4-9）主要包括：动模座板、动模座板长紧固螺钉、模脚紧固螺钉、模脚、推杆推出机构（斜推杆、拉料杆、顶针垫板、顶针垫板紧固螺钉、顶针固定板、复位杆、复位弹簧、顶针、斜顶销）、动模板组件（动模板、型芯、导柱、型芯镶件、型芯紧固螺钉、型芯镶件紧固螺钉）等。

表4-8　斜顶注塑模定模部分主要零部件明细

序号	零件名称	3D图	功用	备注
1	定模座板		把定模部分固定在注塑机上	侧面开设码模槽
2	浇口套		作为浇注系统的主流道	便于更换和维修

（续）

序号	零件名称	3D 图	功用	备注
3	定模板 紧固螺钉		联接定模座板与定模板	
4	定模板 （型腔）		用于成型产品外表面	
5	快速接头		用于连接水路	

表 4-9　斜顶注塑模动模部分主要零部件明细

序号	零件名称	3D 图	功用	备注
1	动模座板		把动模部分固定在注塑机上	侧面开设码模槽
2	动模座板长紧固螺钉		联接动模座板、模脚和动模板	
3	模脚紧固螺钉		联接动模座板与模脚	
4	模脚		支承动模板，产生一个空间，放置顶出系统	

（续）

序号	零件名称	3D图	功用	备注
		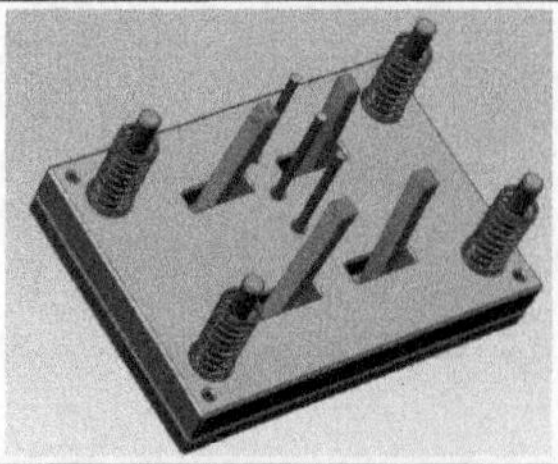		组件
			与顶针固定板共同作用，用来固定顶针等零件	顶针垫板
		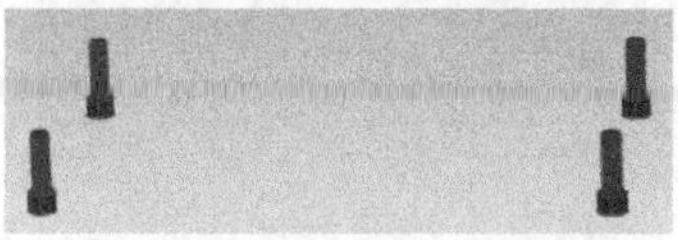	联接顶针垫板与顶针固定板	顶针垫板紧固螺钉
			与顶针垫板共同作用，用来固定顶针等零件	顶针固定板
5	推杆推出机构		使顶出系统先复位	复位杆、复位弹簧
			成型产品的倒扣区域	斜推杆
		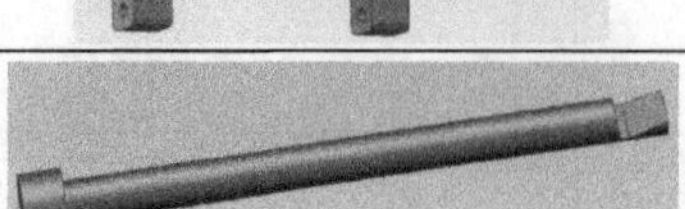	用于钩住浇注系统凝料，使主流道凝料从浇口套中脱出	拉料杆
			顶出产品	顶针

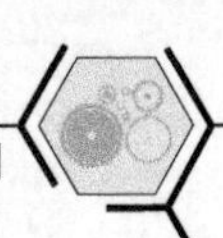

（续）

序号	零件名称	3D 图	功用	备注
5	推杆推出机构		与顶针固定板上的导轨配合，起导向作用	斜顶销
6	动模板组件			组件
			用于放置型芯	动模板
			对动模部分进行导向	导柱
			用于成型产品的内表面	型芯

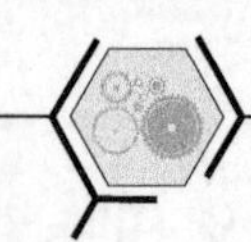

（续）

序号	零件名称	3D 图	功用	备注
6	动模板组件		用于成型产品的内表面，便于更换加工	型芯镶件
			用于联接型芯和动模板	型芯紧固螺钉
			用于联接型芯镶件和型芯	型芯镶件紧固螺钉

2. 斜顶注塑模虚拟拆卸流程简介

接下来借助润品模具虚拟实验室平台，介绍该斜顶注塑模虚拟拆卸的全流程。由于模具的拆、装过程是互逆的，此处主要介绍模具拆卸的全流程，装配过程就是拆卸顺序的倒置。

1）打开 UG 软件，单击模具虚拟实验室，选择注塑模中的 006 斜顶模，将斜顶注塑模装配件加载到工作界面。

2）斜顶注塑模详细拆卸流程简介。

第一步：分开动模、定模部分。

单击拆装实验工具条中的自主拆卸按钮，进入自主拆卸的界面，在工具选择窗口中选择铜棒，将动模、定模部分分开，如图 4-31 所示。注意：此处需分别单击定模板和动模板。

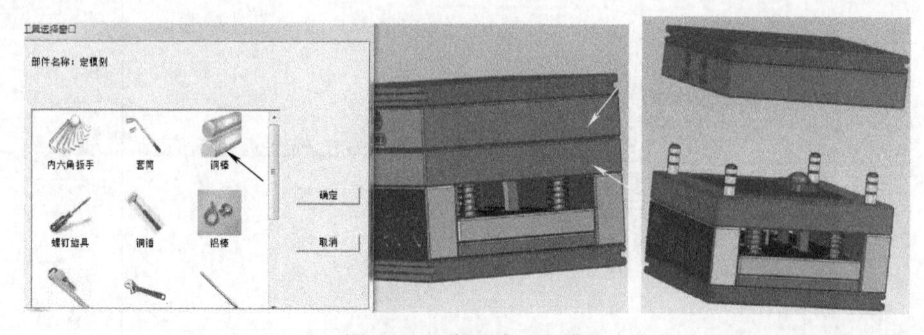

图 4-31　分开动、定模

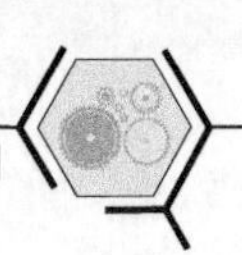

定模部分主要零部件的拆卸流程如下。

第二步：拆定模座板内的浇口套、紧固螺钉，拆定模板内的快速接头。

单击定模座板内的浇口套，在工具选择窗口中选择铜棒，拆下浇口套，如图4-32a所示。单击定模座板内的四个紧固螺钉，在工具选择窗口中选择内六角扳手，拆下定模座板紧固螺钉，并取出定模座板，如图4-32b所示。单击定模板内的快速接头，在工具选择窗口中选择内六角扳手，拆下快速接头，并将定模板移至合适位置，如图4-32c所示。此时，定模部分拆卸完毕。

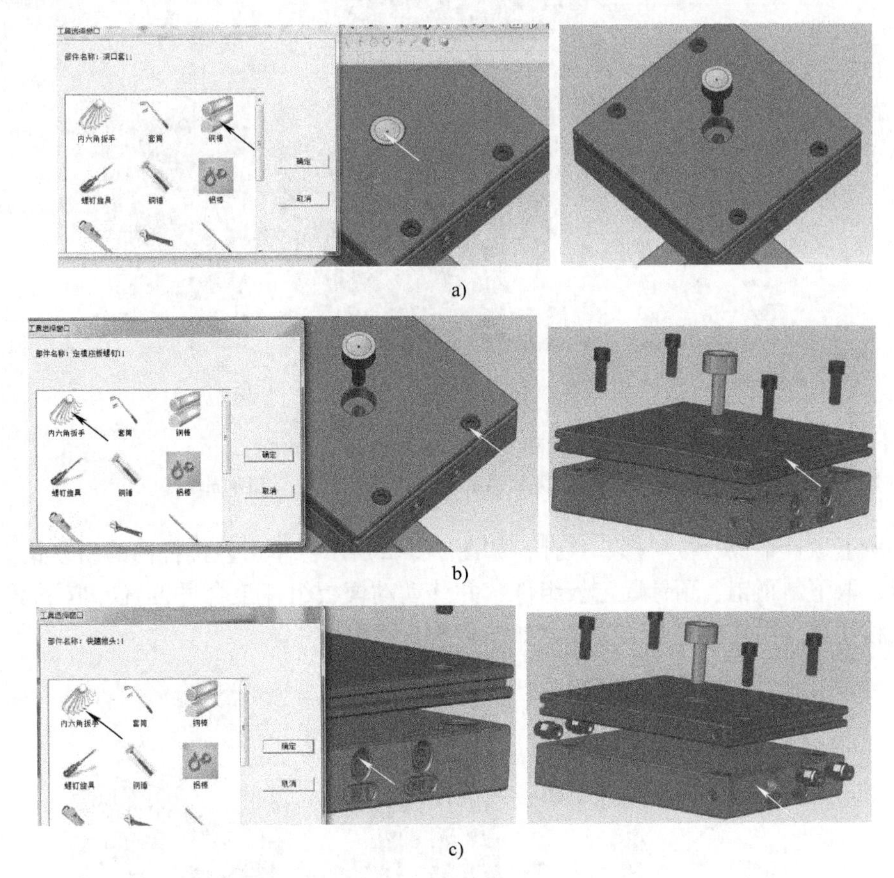

图4-32　拆浇口套、紧固螺钉、快速接头

a）拆浇口套　b）拆定模座板紧固螺钉　c）拆定模板内的快速接头

动模部分主要零部件的拆卸流程如下。

第三步：拆动模座板内的长、短紧固螺钉。

单击动模座板内的四个长紧固螺钉，在工具选择窗口中选择内六角扳手和套筒，拆下动模座板长紧固螺钉，如图4-33a所示。单击动模座板内的四个短紧固螺钉，在工具选择窗口中选择内六角扳手，拆下动模座板短紧固螺钉，取下动模座板、模脚，如图4-33b所示。

第四步：拆推出机构，包括顶针垫板、顶针、拉料杆、螺钉、顶针固定板、复位杆、弹簧。

单击顶针垫板内的四个紧固螺钉，在工具选择窗口中选择内六角扳手，拆下顶针垫板紧

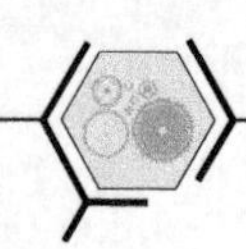

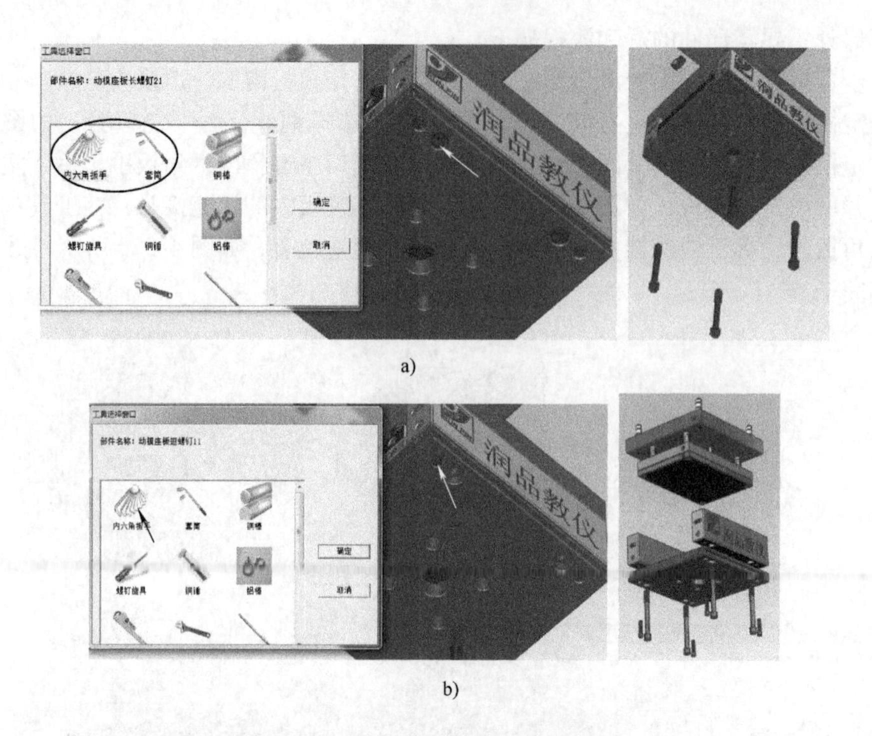

a)

b)

图 4-33　拆动模座板内的长、短紧固螺钉

a）拆动模座板内的长紧固螺钉　b）拆动模座板内的短紧固螺钉

固螺钉，取下顶针垫板、拉料杆、顶针，如图 4-34a 所示。单击斜推杆内的斜顶销，压下顶针固定板，取下斜顶销、顶针固定板组件，并移动动模板组件至合适位置，取下复位弹簧、复位杆，移动顶针固定板至合适位置，如图 4-34b 所示。

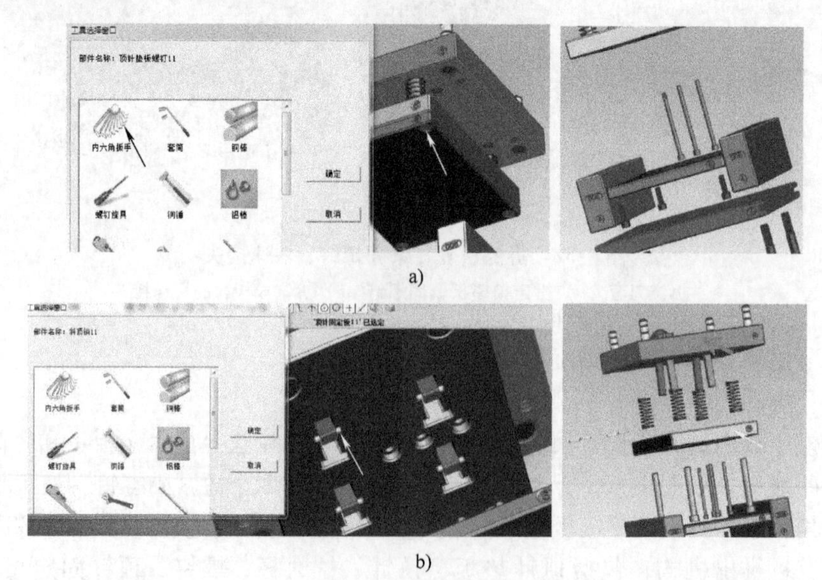

a)

b)

图 4-34　拆推出机构

a）拆顶针垫板内紧固螺钉　b）拆斜顶销

第五步，拆动模板组件，包括斜推杆、动模板、导柱、型芯、型芯镶件、螺钉。

取出型芯中的斜推杆，单击动模板内的一个型芯镶件紧固螺钉，在工具选择窗口中选择内六角扳手，拆型芯镶件紧固螺钉，取出型芯镶件，如图4-35a所示。单击动模板内四个型芯紧固螺钉，在工具选择窗口中选择内六角扳手，拆型芯紧固螺钉，如图4-35b所示。单击动模板内的型芯，在工具选择窗口中选择铜棒，拆型芯，如图4-35c所示。单击动模板上的导柱，在工具选择窗口中选择铜棒，拆下导柱，如图4-35d所示。

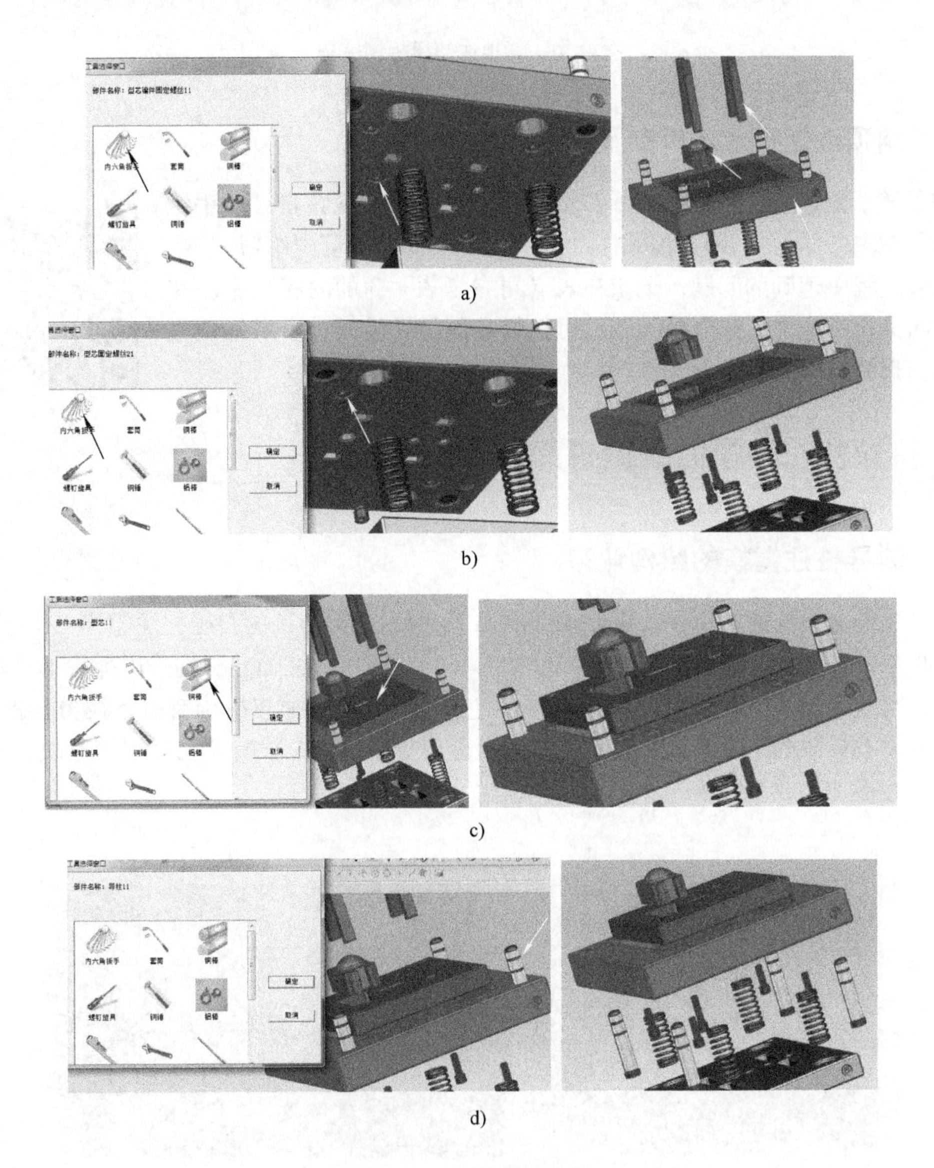

图4-35　拆动模板组件

a）拆型芯镶件紧固螺钉　b）拆型芯紧固螺钉　c）拆型芯　d）拆导柱

最后，将动模板移至合适位置，斜顶注塑模整个拆卸过程完成，如图4-36所示。

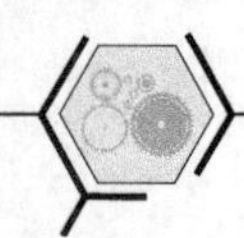

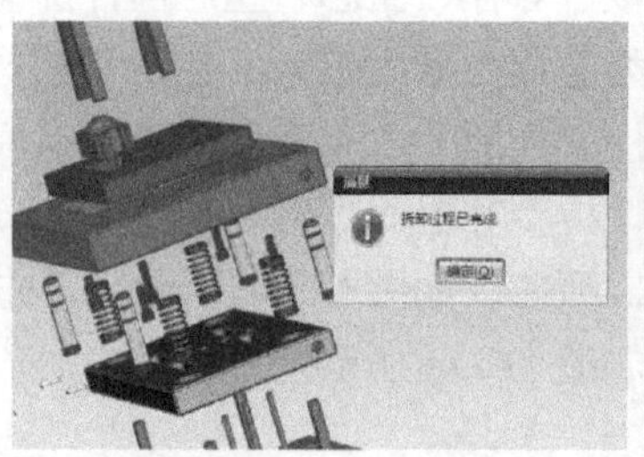
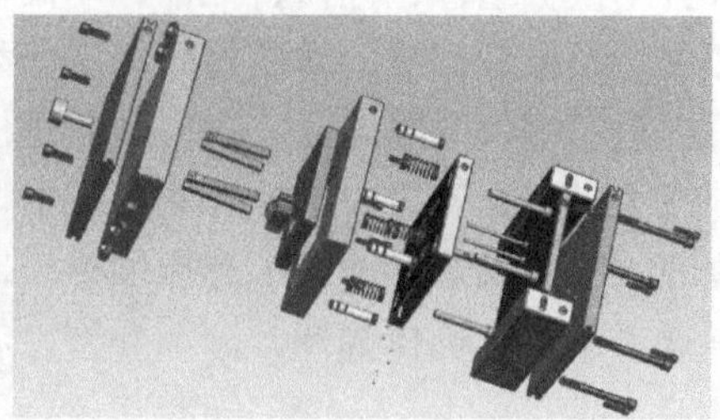

图 4-36　斜顶注塑模拆卸完毕

4.4.2　斜顶注塑模虚拟拆卸及装配训练

在了解了上述斜顶注塑模的拆卸步骤后，可以结合视频自己动手练习。为了能熟练掌握斜顶注塑模的拆卸、装配步骤，请至少练习三次，并将拆装过程中遇到的问题，记录在表（可参考表4-3的内容）中。在实际学习操作过程中，如遇到问题，可扫描右面的二维码，参考斜顶注塑模虚拟拆卸视频进行学习操作。

4.5　斜导柱注塑模的虚拟拆卸

4.5.1　斜导柱注塑模的结构认知

斜导柱抽芯机构通常用在动模外侧。图4-37所示为某塑件的斜导柱注塑模三维结构图。根据塑件的结构特点，需设置两个斜导柱抽芯机构。该斜导柱抽芯机构采用弹簧加挡钉的定位方式，滑块座安装在动模部分。其结构上与典型的斜导柱抽芯机构有以下两方面的变化：一是没有设置单独的压板，而是直接在型芯上开设导槽；二是没有单独使用锁紧块，而是在定模板上直接加工成锁紧块。

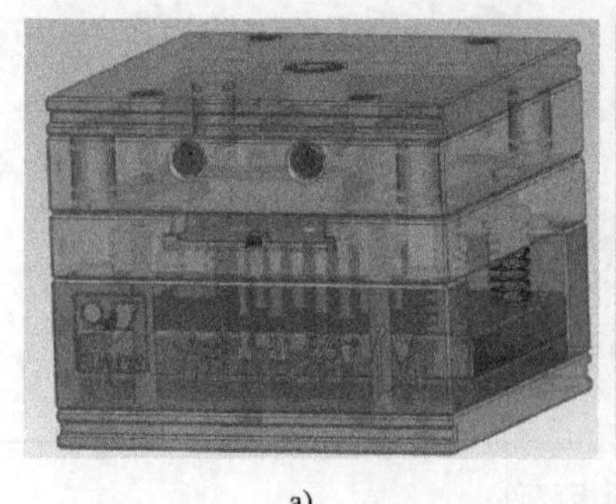
a)

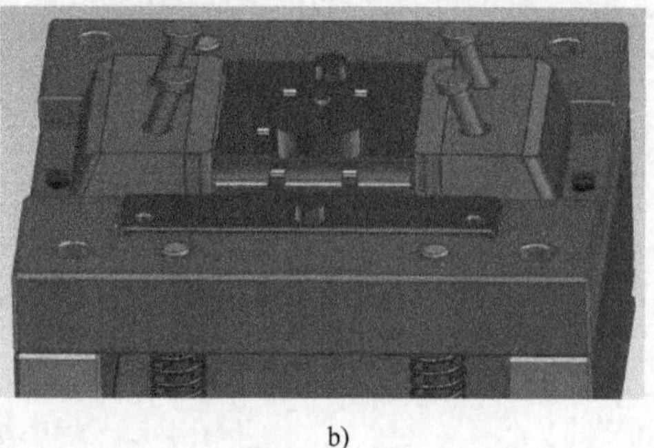
b)

图 4-37　斜导柱注塑模三维结构图
a）三维结构　b）斜导柱侧抽机构

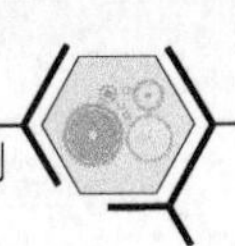

1. 斜导柱注塑模的主要零部件认知

定模部分（表4-10）主要包括：定模座板、浇口套、定模板、快速接头、斜导柱、螺钉等。动模部分（表4-11）主要包括：动模座板、模脚、顶出系统（顶针底板、顶针固定板、拉料杆、顶针、复位杆、弹簧）、动模板组件（导柱、动模板、型芯）、侧抽组件（滑块座、压紧板、成型镶针、弹簧、限位螺钉）、紧固螺钉。

表4-10　斜导柱注塑模定模部分主要零部件明细

序号	零件名称	3D图	功用	备注
1	定模座板		把定模部分固定在注塑机上	侧面开设码模槽
2	浇口套		作为浇注系统的主流道	便于更换和维修
3	定模板（A板）		用于成型产品外表面，放置型腔	
4	定模座板紧固螺钉		用于联接定模座板与定模板	
5	快速接头	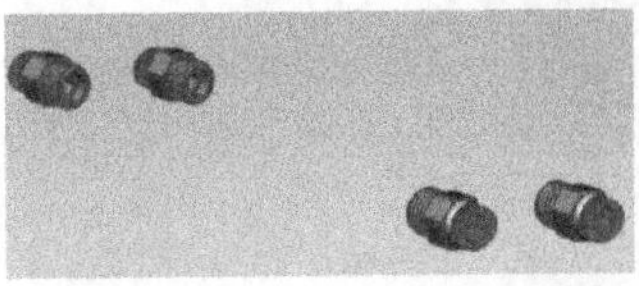	用于连接水路	
6	斜导柱		提供动力，带动滑块运动	斜导柱

表 4-11　斜导柱注塑模动模部分主要零部件明细

序号	零件名称	3D 图	功用	备注
1	动模座板		把动模部分固定在注塑机上	侧面开设码模槽
2	动模板紧固螺钉	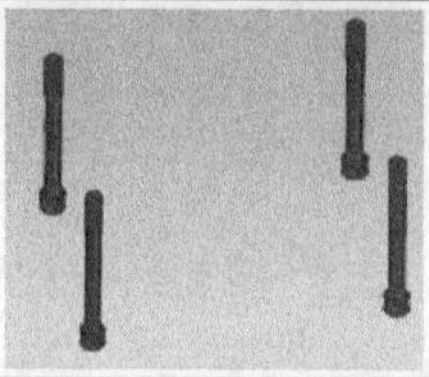	联接动模座板、模脚和动模板	
3	模脚紧固螺钉	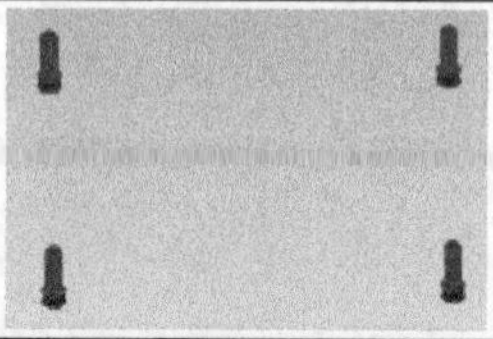	联接模脚和动模座板	
4	模脚		支承动模板，产生一个空间，放置顶出系统	
5	顶出系统	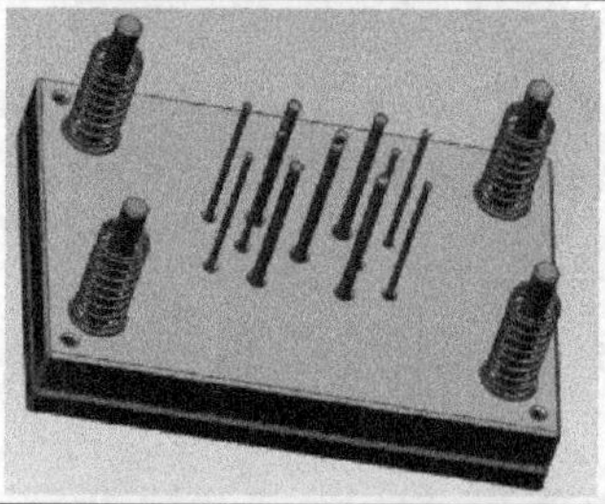		组件
			两块板共同作用，用来固定顶针等零件	顶针底板
		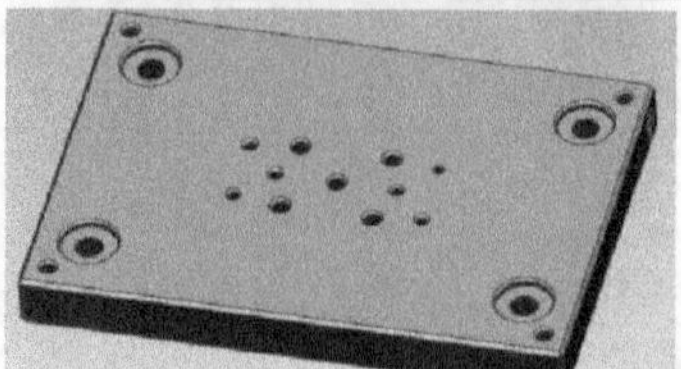		顶针固定板
				顶针底板紧固螺钉

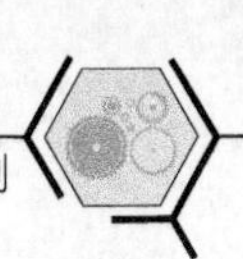

（续）

序号	零件名称	3D图	功用	备注
5	顶出系统	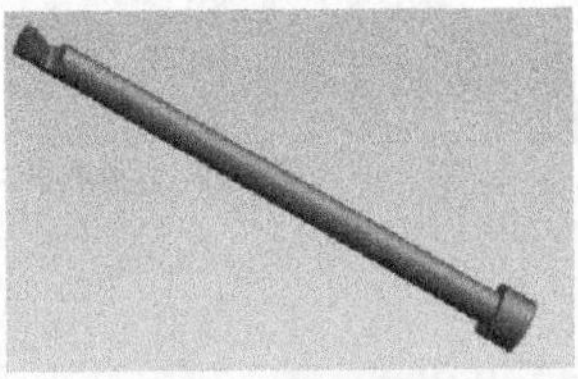	用于钩住浇注系统凝料，使主流道凝料从浇口套中脱出	拉料杆
		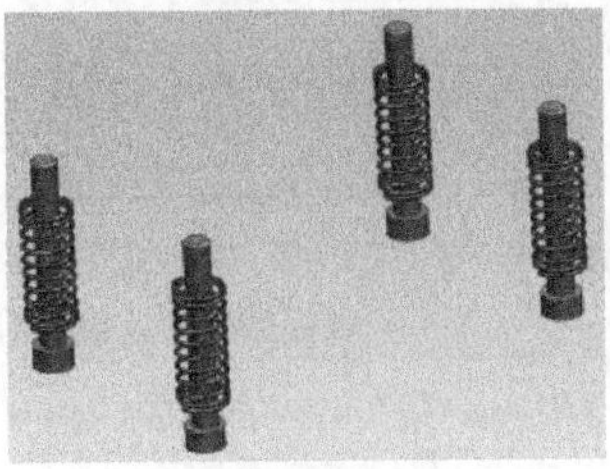	使顶出系统先复位	复位杆和弹簧
		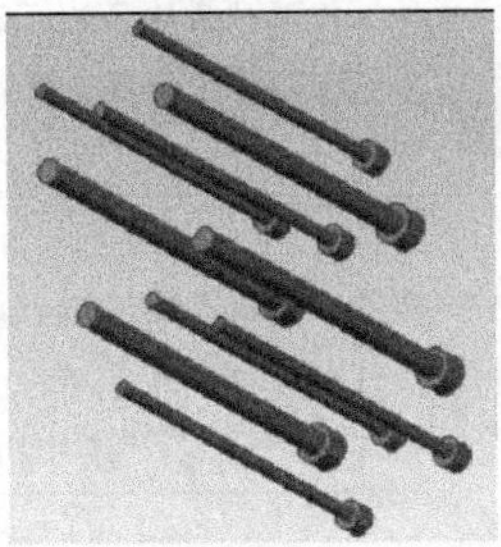	此处有两种尺寸规格的顶针，用来顶出产品	顶针
6	动模板组件及侧抽组件			组件
		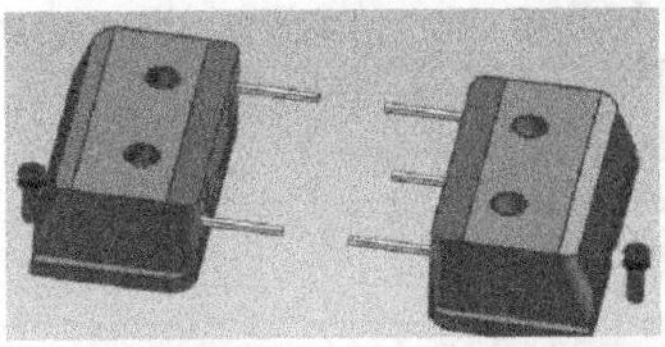		侧抽组件
			直接参与成型或安装成型零件、抽芯导向	滑块座

（续）

序号	零件名称	3D图	功用	备注
6	动模板组件及侧抽组件	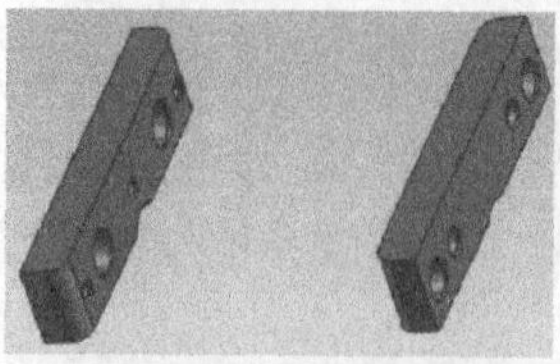	用于固定成型镶针	成型镶针压紧板
		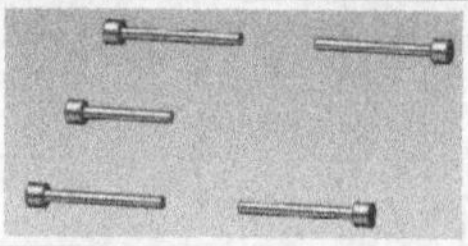	成型产品上细而长的孔特征	成型镶针
			联接镶针固定板与滑块座	镶针固定板紧固螺钉
			控制滑块在完成抽芯后，停留在抽芯距位置，准备合模	滑块弹簧
			控制滑块的运动距离，保证合模顺利	限位螺钉（对于大型滑块，会采用挡块来限位）
		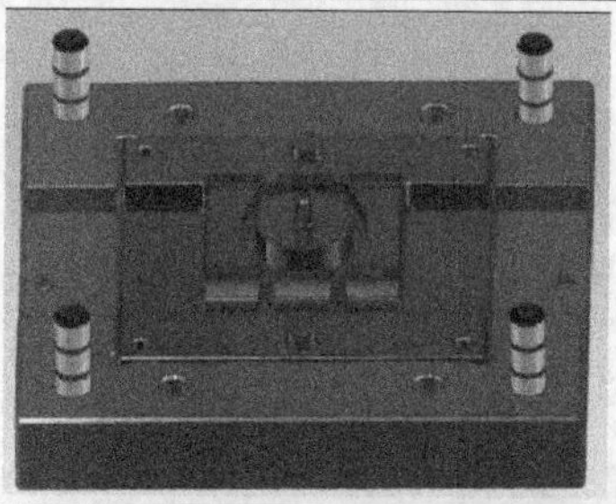		动模板组件
		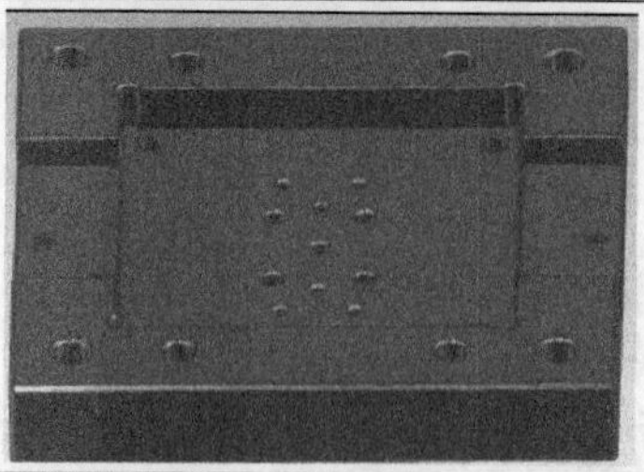	用于放置型芯，视情况有时会做成整体式	动模板（B板）
			成型产品的内表面	型芯

（续）

序号	零件名称	3D图	功用	备注
6	动模板组件及侧抽组件		联接型芯和动模板	型芯紧固螺钉
			动模板的导向	导柱

2. 斜导柱注塑模虚拟拆卸流程简介

接下来借助润品模具虚拟实验室平台，介绍该斜导柱注塑模虚拟拆卸的全流程。由于模具的拆、装过程是互逆的，此处主要介绍模具拆卸的全流程，装配过程就是拆卸顺序的倒置。

1）打开UG软件，单击模具虚拟实验室，选择注塑模的010斜导柱模，将斜导柱注塑模装配件加载到工作界面。

2）斜导柱注塑模详细拆卸流程简介。

第一步：分开动、定模部分。

单击拆装实验工具条中的自主拆卸按钮，进入自主拆卸的界面，在工具选择窗口中选择铜棒，将动模、定模部分分开，如图4-38所示。注意：此处需分别单击定模板和动模板。

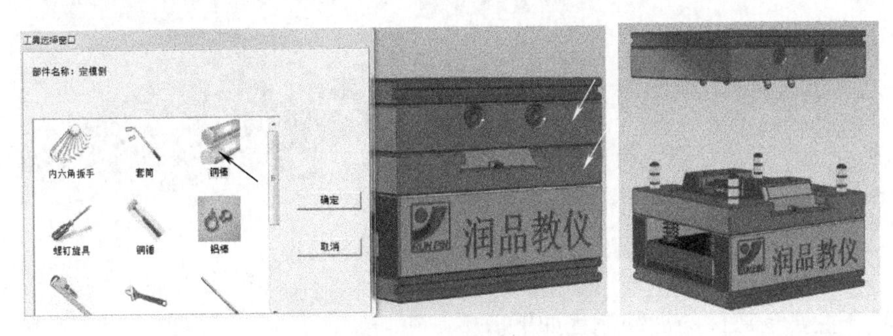

图4-38 分开动模、定模

定模部分主要零部件的拆卸流程如下。

第二步：拆定模座板内的浇口套、螺钉、定模座板、斜导柱。

单击定模座板内的浇口套，在工具选择窗口中选择铜棒，拆下浇口套，如图4-39a所示。单击定模座板内的四个紧固螺钉，在工具选择窗口中选择内六角扳手，拆下紧固螺钉，取下定模座板、斜导柱，如图 4-39b 所示。

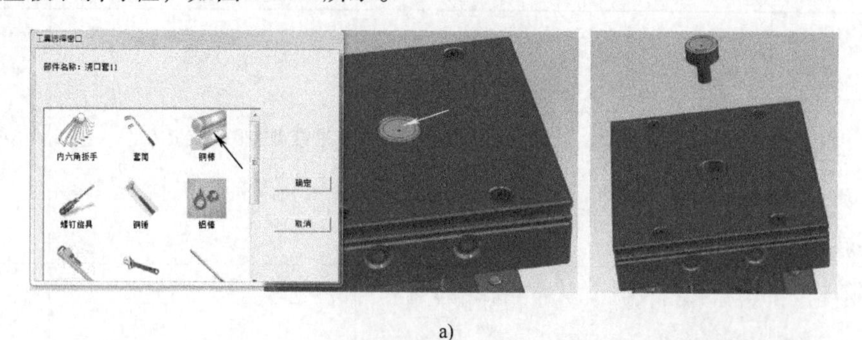

a)

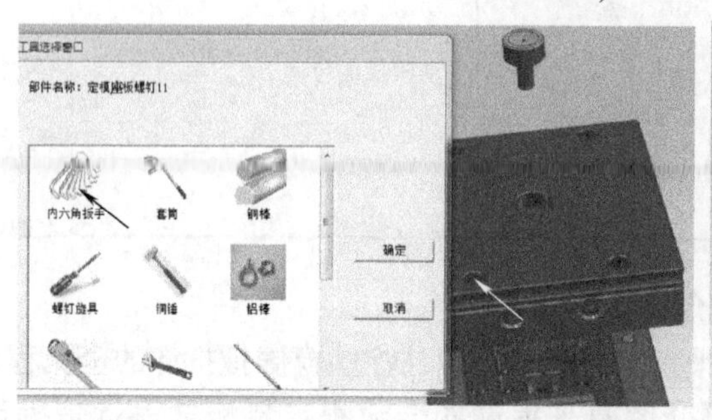

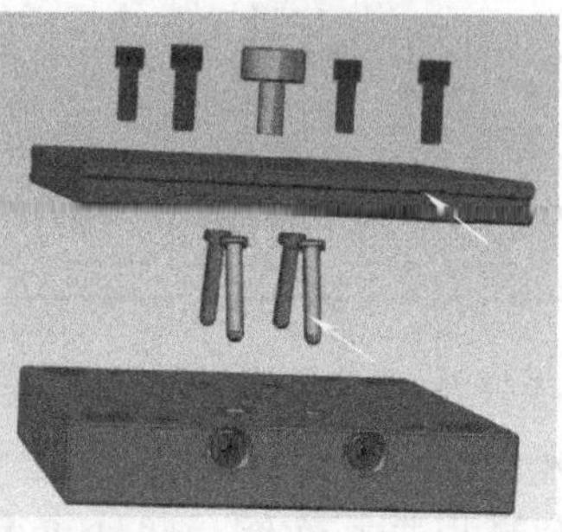

b)

图 4-39　拆定模座板内的浇口套、紧固螺钉

a）拆浇口套　b）拆紧固螺钉

第三步：拆型腔板内快速接头。

单击型腔板内的快速接头，在工具选择窗口中选择内六角扳手，拆下快速接头，并将型腔板移动至合适位置，如图 4-40 所示。定模部分拆卸完毕。

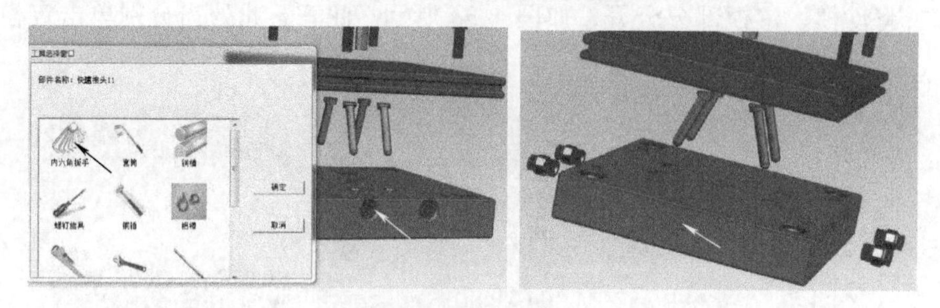

图 4-40　拆型腔板内的快速接头

动模部分主要零部件的拆卸流程如下。

第四步：拆动模板内的限位螺钉、侧抽组件，包括滑块座、成型镶针压紧板、成型镶针、滑块弹簧。

单击动模板内的限位螺钉，在工具选择窗口中选择内六角扳手，拆下限位螺钉，如图 4-41a 所示。单击侧抽组件，在工具选择窗口中选择铜棒，拆下左右两侧的侧抽组件，取下滑块弹簧，如图 4-41b 所示。单击成型镶针压紧板内的两个紧固螺钉，在工具选择窗口中选

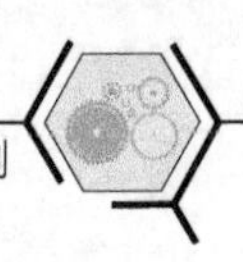

择内六角扳手，拆下成型镶针压紧板螺钉，取下成型镶针压紧板、成型镶针，并将滑块座、成型镶针压紧板移至合适位置，如图4-41c所示。

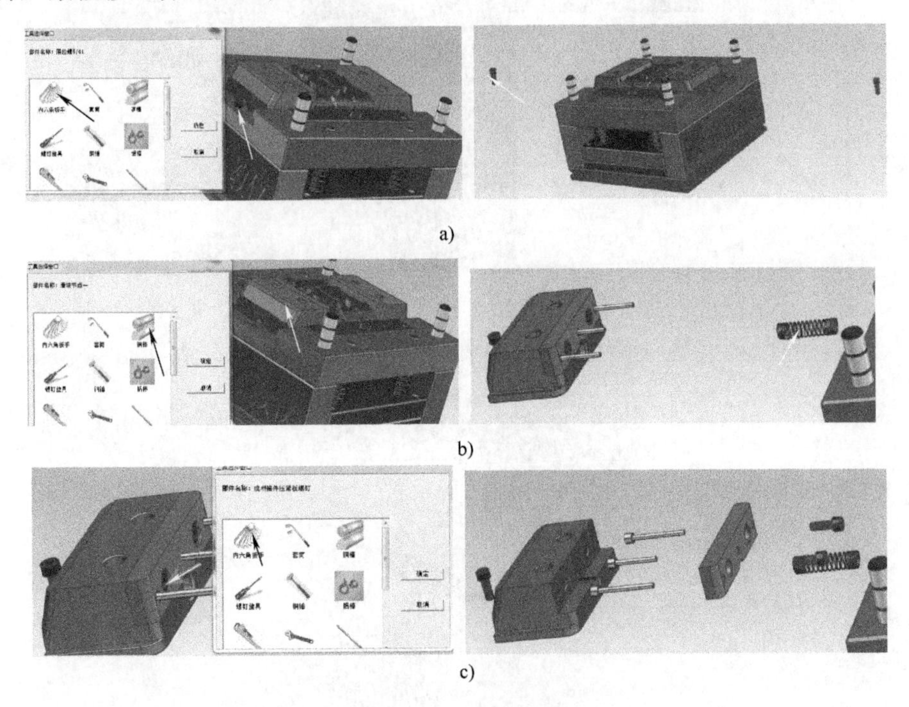

图4-41　拆侧抽机构

a）拆限位螺钉　b）取出侧抽组件及弹簧　c）拆成型镶针压紧板螺钉

第五步：拆动模座板内的长、短紧固螺钉。

单击动模座板内的四个长紧固螺钉，在工具选择窗口内选择内六角扳手和套筒，拆下长紧固螺钉，同时，单击动模座板内的短紧固螺钉，在工具选择窗口中选择内六角扳手，拆下短紧固螺钉，取下动模座板、模脚。如图4-42所示。

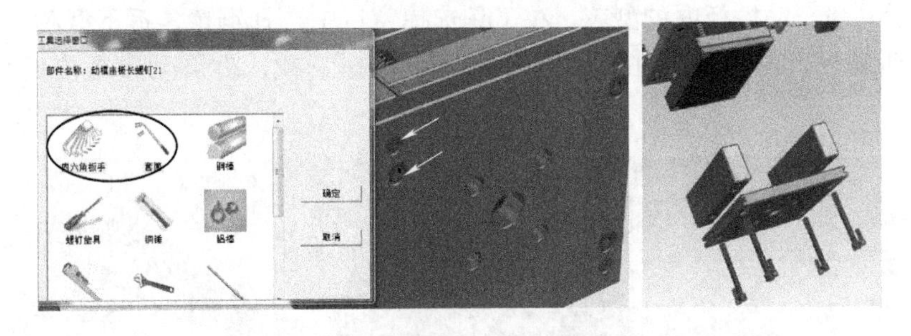

图4-42　拆动模座板内的长、短紧固螺钉

第六步：拆顶出系统，包括顶针底板紧固螺钉、顶针底板、拉料杆、顶针、顶针固定板、弹簧、复位杆。

单击顶针底板内的四个紧固螺钉，在工具选择窗口内选择内六角扳手，拆下紧固螺钉，取下顶针底板、拉料杆、顶针、顶针固定板组件，并将动模板组件移至合适位置，如图4-43a所示。取下复位弹簧、复位杆、顶针固定板，并将顶针固定板移至合适位置，如图

4-43b所示。

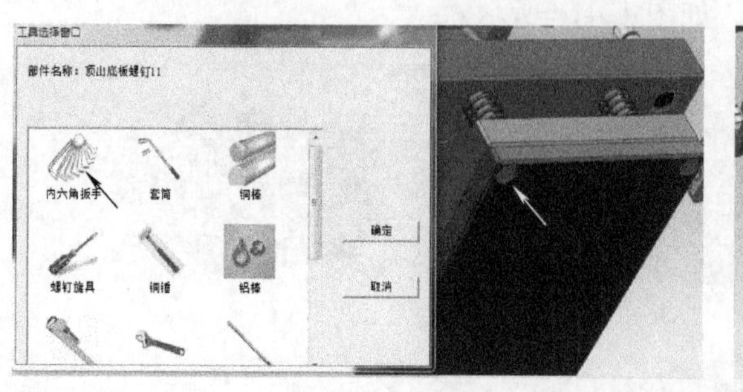

a)

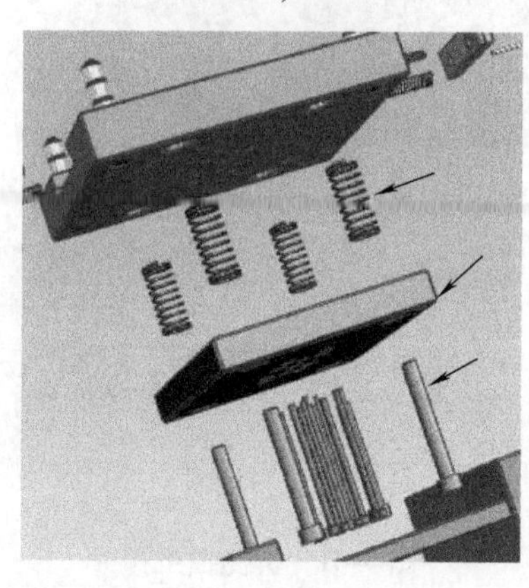

b)

图4-43 拆顶出系统

a）拆紧固螺钉 b）拆复位弹簧、复位杆

第七步：拆动模板组件，包括型芯、导柱、动模板、紧固螺钉。

单击动模板内的四个紧固螺钉，在工具选择窗口中选择内六角扳手，拆下紧固螺钉，如图4-44a所示。单击动模板内的型芯，在工具选择窗口中选择铜棒，拆下型芯，如图4-44b所示。单击动模板内的导柱，在工具选择窗口中选择铜棒，拆下动模板内的导柱，如图4-44c所示。

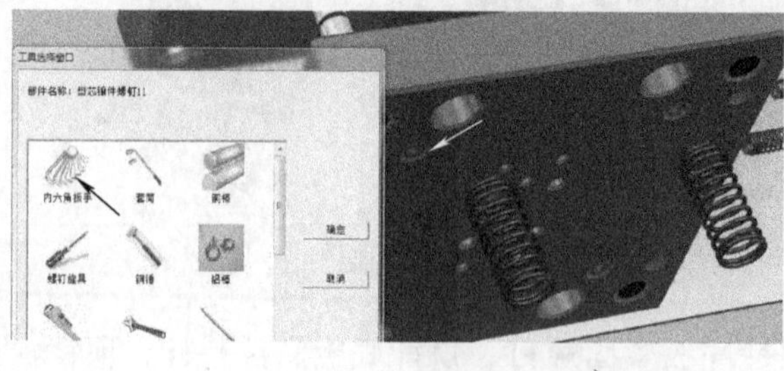

a)

图4-44 拆动模板组件

a）拆动模板内的紧固螺钉

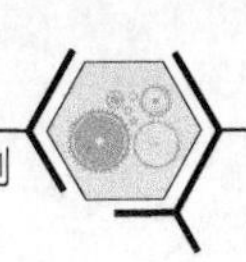

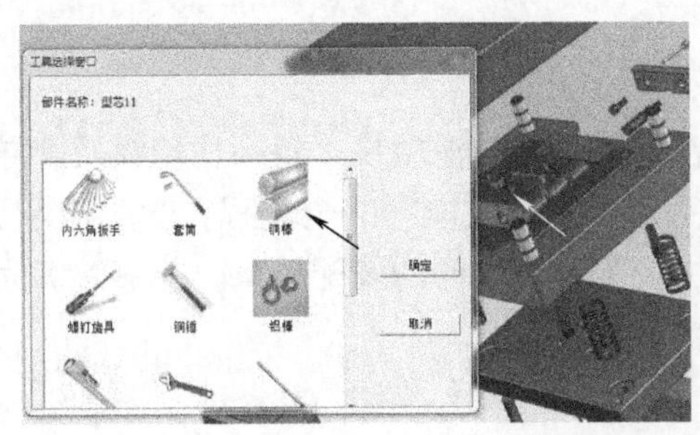

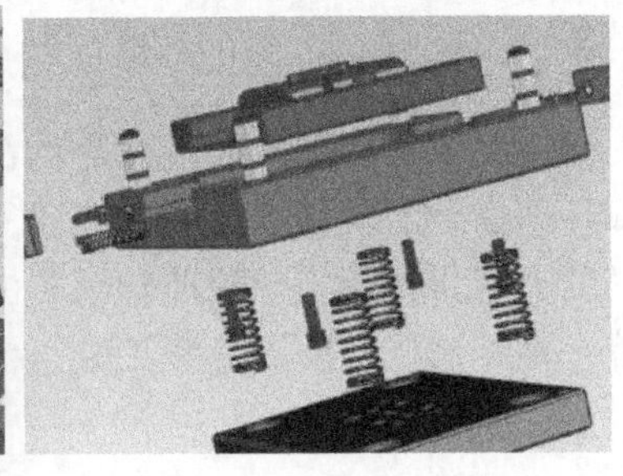

b)

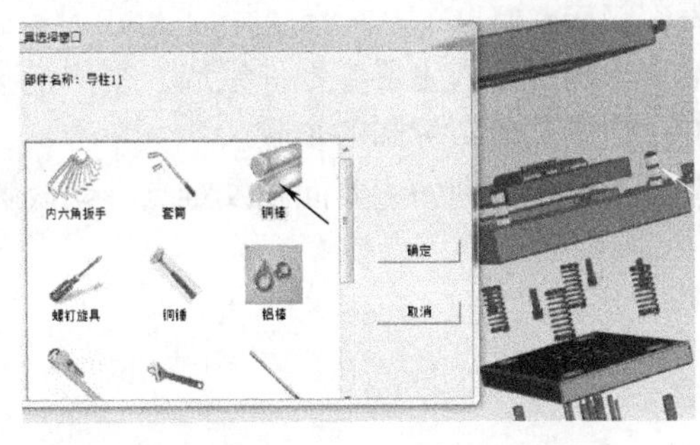

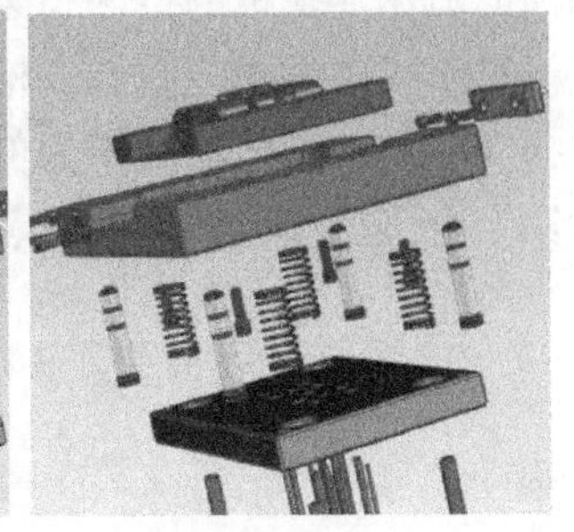

c)

图 4-44 拆动模板组件（续）

b）拆动模板内的型芯 c）拆动模板内的导柱

最后，移动动模板至合适的位置，整个斜导柱注塑模拆卸完毕，如图 4-45 所示。

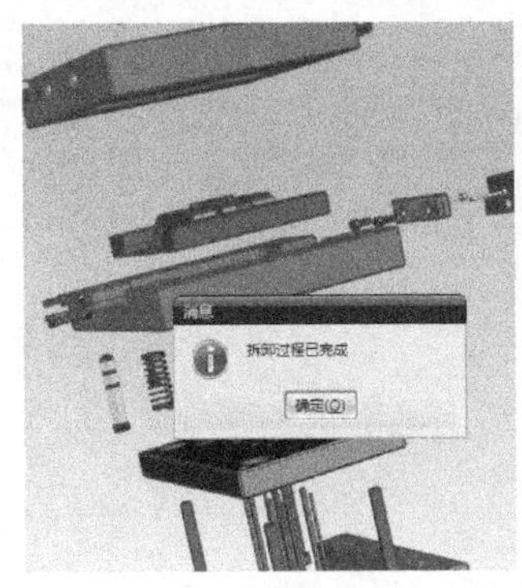

图 4-45 斜导柱注塑模拆卸完毕

4.5.2 斜导柱注塑模虚拟拆卸及装配训练

在了解了上述斜导柱注塑模的拆卸步骤后，可以结合视频自己动手练习。为了能熟练掌握斜导柱注塑模的拆卸、装配步骤，请至少练习三次，并将拆装过程中遇到的问题，记录在表（可参考表 4-3 的内容）中。在实际学习操作过程中，如遇到问题，可扫描右面的二维码，参考斜导柱注塑模虚拟拆卸视频进行学习操作。

本项目小结

本项目通过细水口注塑模、二次顶出注塑模、哈夫注塑模、斜顶注塑模及斜导柱注塑模结构的认知，并借助于润品虚拟拆装实验室模拟拆、装模具的全流程，学生应掌握细水口、二次顶出、哈夫、斜顶及斜导柱注塑模各主要零部件之间的装配关系，能够熟练完成拆装工作，并正确合理地选择、使用拆装工具。

实训与练习

1. 举例说明典型注塑模的拆卸与装配顺序。
2. 注塑模具结构中的浇注系统、推出机构由哪些主要零部件组成？举例说明。
3. 以虚拟实验室中推管注塑模为例，记录其虚拟拆卸的步骤。
4. 请大家结合典型注塑模虚拟拆、装过程中遇到的主要问题及难点，谈谈解决措施。

项目5

模具实物拆装实训

项目目标

1. 熟悉典型冲压模、注塑模的结构。
2. 能正确进行冲压模、注塑模的拆卸、装配工作。
3. 能正确使用模具拆装工具。

【能力目标】

能自主完成1~2套典型冲压模、注塑模的拆卸、装配工作。

【知识目标】

- 借助模具实物拆装视频，能正确完成模具拆卸、装配的全流程。
- 时刻注意模具拆装过程中的安全意识。

项目引入

借助虚拟拆装实验室，已熟知了典型冲压模、注塑模的结构，同时，也掌握了主要零部件的拆装顺序、拆装工具的选择。接下来动手实战一下吧！

在模具实物拆装过程中需注意以下事项：

1）装配之前要先对整副模具进行了解，看清总装图以及设计师的各个要求。

2）一般在装配有定位销定位的零件时，要先安装好定位销之后再拧螺钉进行紧固。

3）在用铜棒敲打装配件时，要注意装配件受力的平稳性，防止装配件在铜棒敲打时卡死。

项目分析与分解

本项目主要借助于模具实物拆装视频，按模具拆装的步骤，自主完成模具的拆卸、装配，并记录好拆卸、装配工作中遇到的问题。本项目分别选取了冲压模、注塑模中的典型模具实物进行拆装训练。

5.1　正装复合模的结构认知及实物拆装

5.2　斜导柱注塑模的结构认知及实物拆装

项目实施

5.1　正装复合模的结构认知及实物拆装

在项目3正装复合模的虚拟拆卸实例3.3中，已详细讲述了正装复合模的虚拟拆卸过程，下面就结合正装复合模的实物拆卸流程，进行正装复合模的实物拆卸。为了能引导大家正确完成模具的拆装，在动手拆卸之前，请先扫描右面的二维码，在仔细观看实物拆卸视频之后，进行模具的拆卸。在参考表5-1正装复合模整个拆卸流程的基础上，将各自的模具拆卸过程，记录在表5-2中。

表5-1　正装复合模实物拆卸流程

步骤	主要拆卸内容	实物图	使用工具	备注
1	分开上模、下模		铜棒	
2	拆卸料装置		内六角扳手	卸料螺钉
			手工取下	卸料板
			手工取下	卸料弹簧
3	拆凸凹模及推件装置		内六角扳手	凸凹模紧固螺钉
			铜棒	凸凹模
			手工取下	推件弹簧
			手工取下	卸料针
4	拆冲孔凸模		内六角扳手	紧固螺钉
			手工取下	凸模固定板
			手工取下	冲孔凸模
5	拆落料凹模内紧固螺钉、定位销		内六角扳手	紧固螺钉
			铜锤和铝棒	定位销
6	拆顶件装置		手工取出	凹模固定板组件
			手工取出	推件弹簧
			手工取出	推件块
			铜锤和铝棒	限位销
7	拆凹模固定板组件		内六角扳手	凹模固定板螺钉
			铜棒	落料凹模
			铜锤和铝棒	挡料销
			大力钳	导料销

表 5-2 正装复合模实物拆卸过程记录

步骤	主要拆卸部位	拆卸过程图片记录	主要遇到的问题及解决办法	备注
1				
2				
3				
4				
5				
6				
7				

在完成正装复合模拆卸工作后，请顺次将正装复合模装配完整，同样完成正装复合模实物装配过程记录，见表 5-3。

表 5-3 正装复合模实物装配过程记录

步骤	主要装配部位	装配过程图片记录	主要遇到的问题及解决办法	备注
1				
2				
3				
4				
5				
6				
7				

5.2 斜导柱注塑模的结构认知及实物拆装

项目 4 典型注塑模具虚拟拆卸实例 4.5 中已详细讲述了斜导柱注塑模的虚拟拆卸过程，下面就结合斜导柱注塑模的实物拆卸流程，进行斜导柱注塑模的实物拆卸。同样，为了能引导大家正确完成模具的拆装，在动手拆卸之前，请先扫描右面的二维码，在仔细观看实物拆卸视频之后，进行模具的拆卸。在参考表 5-4 斜导柱注塑模整个拆卸流程的基础上，将各自的模具拆卸过程记录在表 5-5 中。

表 5-4 斜导柱注塑模实物拆卸流程

步骤	主要拆卸内容	实物图	使用工具	备注
1	分开动模、定模		铜棒	
2	拆定模座板内紧固螺钉、斜导柱		铜棒	浇口套
			内六角扳手	定模座板内紧固螺钉
			手工取出	定模座板
			手工取出	斜导柱

（续）

步骤	主要拆卸内容	实物图	使用工具	备注
3	拆型腔板内快速接头		内六角扳手	快速接头
4	拆动模板内限位螺钉		内六角扳手	限位螺钉
5	拆侧抽组件		铜棒	侧抽组件
			手工取出	滑块弹簧
			内六角扳手	成型镶针压紧板螺钉
			手工取出	成型镶针压紧板
			手工取出	成型镶针
			手工取出	滑块座
6	拆动模座板内的长、短螺钉		内六角扳手、套筒	长紧固螺钉
			内六角扳手	短紧固螺钉
			手工取出	动模座板
			手工取出	模脚
7	拆顶出系统		内六角扳手	顶针底板紧固螺钉
			手工取出	顶针底板
			手工取出	拉料杆
			手工取出	顶杆
			手工取出	顶针固定板组件
			手工取出	复位弹簧
			手工取出	复位杆
			手工取出	顶针固定板
8	拆动模板组件		内六角扳手	动模板内紧固螺钉
			铜棒	型芯
			铜棒	导柱
			手工取出	动模板

表 5-5　斜导柱注塑模实物拆卸过程记录

步骤	主要拆卸部位	拆卸过程图片记录	主要遇到的问题及解决办法	备注
1				
2				
3				
4				
5				
6				
7				

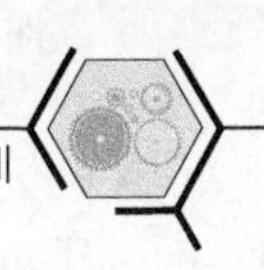

在完成斜导柱注塑模拆卸工作后，请顺次将斜导柱注塑模装配完整，同样完成斜导柱注塑模实物装配过程记录，见表5-6。

表5-6　斜导柱注塑模实物装配过程记录

步骤	主要装配部位	装配过程图片记录	主要遇到的问题及解决办法	备注
1				
2				
3				
4				
5				
6				
7				

由于篇幅的限制，与虚拟实验室配套的其他典型冲压模、注塑模的实物拆装过程在此就不做赘述。

本项目小结

本项目选取了冲压模中的正装复合模，注塑模中的斜导柱注塑模这两个典型实例，通过学生的实际操作，完成相应的过程记录，达到拆装训练的目的，进一步巩固之前学习的内容。

实训与练习

1. 请列表说明虚拟实验室中倒装复合模的拆、装步骤，并通过实物模具拆、装检验正确与否。

2. 请列表说明虚拟实验室中细水口模的拆、装步骤，并通过实物模具拆、装检验正确与否。

参考文献

[1] 谢力志，单岩，徐勤雁，等．模具拆装及成型实训教程［M］．杭州：浙江大学出版社，2011.
[2] 单岩，蔡娥，罗晓晔，等．模具结构认知与拆装虚拟实验［M］．杭州：浙江大学出版社，2009.
[3] 单岩，卜学军，张凌云，等．模具拆装及成型实训［M］．杭州：浙江大学出版社，2014.
[4] 杨海鹏．模具拆装与测绘［M］．2 版．北京：清华大学出版社，2016.
[5] 谭永林．模具拆装与调试［M］．重庆：重庆大学出版社，2017.